—— 作者 ——

约翰·波尔金霍恩

英国圣公会牧师，英国皇家学会会员。1968至1979年任剑桥大学数学物理学教授，后任皇后学院院长。因在科学、宗教、医学伦理等方面的杰出贡献，1997年被女王伊丽莎白二世封为爵士。著有《量子世界》(1986)、《一位物理学家的信仰》(1994)、《科学与神学》(1998)等。

[英国] 约翰·波尔金霍恩 著　张用友 何玉红 译

量子理论

牛津通识读本·

Quantum Theory

A Very Short Introduction

译林出版社

图书在版编目（CIP）数据

量子理论 /（英）约翰·波尔金霍恩 (John Polkinghorne) 著；
张用友，何玉红译．—南京：译林出版社，2023.1
（牛津通识读本）
书名原文：Quantum Theory: A Very Short Introduction
ISBN 978-7-5447-9419-0

Ⅰ.①量… Ⅱ.①约… ②张… Ⅲ.①量子论 Ⅳ.
①O413

中国版本图书馆CIP数据核字（2022）第175132号

量子理论　[英国] 约翰·波尔金霍恩 / 著　张用友　何玉红 / 译

责任编辑　许　丹
装帧设计　韦　枫
校　　对　戴小娥
责任印制　董　虎

原文出版　Oxford University Press, 2002
出版发行　译林出版社
地　　址　南京市湖南路1号A楼
邮　　箱　yilin@yilin.com
网　　址　www.yilin.com
市场热线　025-86633278
排　　版　南京展望文化发展有限公司
印　　刷　徐州绪权印刷有限公司
开　　本　850毫米 ×1168毫米 1/32
印　　张　4.125
插　　页　4
版　　次　2023年1月第1版
印　　次　2023年1月第1次印刷
书　　号　ISBN 978-7-5447-9419-0
定　　价　59.50元

序 言

李 淼

对于我们的世界,科学家有两套体系来解释。

第一套体系已经存在了300多年,这就是牛顿的力学体系,机械论。事实上,这套体系的核心概念至少存在了2 000多年,从亚里士多德开始,认为世界像一个大钟一样一旦上紧了发条,就会有条不紊地运行下去,直到永远。这套体系与我们的日常经验吻合,里面的概念都可以用我们眼睛看到的具体事物来实现。

第二套体系存在了不到100年,严格说来是90年,这就是几位最幸运的天才在1925年前后发现的量子力学体系。根据这套体系,我们人眼看到的并不是世界背后最基本的元素,例如一个物体的状态不可以用它的位置和速度来描述。根据海森堡,我们可以谈一个粒子的具体位置,也可以谈它的具体速度,但不能同时谈它的位置和速度。这样,我们熟悉的简单决定论就失效了:当我们知道粒子的位置时,为了预言它下一刻的位置,就必须知道它的速度。不确定性原理告诉我们,这不可能。

不确定性原理完全违背了我们的直觉。但事情不会到此为止,量子论总是给我们带来无穷无尽的麻烦。比如纠缠,这个现象说，相隔遥远的测量结果会互相影响，并且这种影响看起来是瞬时的，这就是量子物体之间神秘的纠缠。但是，你却不能通过这种纠缠实现瞬时通信，更不能实现心灵感应。

还有很多我们无法理解的事情，例如，你无法区别两个电子，它们不同于两个人，可以叫作张三和李四。两个电子确实有两个，但不能被我们标记为甲电子和乙电子。在某个时刻你看到的两个电子，在下一个时刻你已经无法区分谁是谁了。

我们可以将量子世界的特点一直罗列下去，但这不是这篇序言该做的事情。其实，这也不是英国著名物理学家约翰·波尔金霍恩（John Polkinghorne）在这本小书中想做的事情。量子世界虽然不可思议，就像该书首页引用的费曼名言“我认为我可以肯定地说，现在没有人理解量子力学”所说的，但如果没有量子论，太阳不会燃烧，原子会四分五裂，我们熟悉的整个世界会四分五裂。

这本书不能被看作普及量子论的科普书，但它还是某种形式的科普。它不为完全不懂量子论的人解释量子论，但它梳理了量子的基本概念和性质。与普通量子论科普书不同的是，作者想告诉我们量子世界是如何令人惊讶，物理学家如何试图把握这个理论，如何提出不同的解释，比如哥本哈根解释、新哥本哈根解释、隐变量、贝尔关于量子的非实在论的工作，甚至还有多世界解释——我们的世界通过事物之间的互相作用不断地分裂成更多的世界，等等。因此，这本书不仅应该推荐给普通人，更应该推荐给物理系的学生和物理系的教授阅读。

确实，阅读了这本小册子之后，我又重新理解了过去以为已经理解的各种理论，多世界也好，测量问题也好，意识在量子世界扮演的角色也好。反正，这是一本值得任何对自然抱有好奇心的人静下心来认真看一遍的书。我个人觉得这本书不那么容易懂，却还是要推荐给大家，书中的每句话都是作者认真思考过的。

最后，想谈一谈作者本人，约翰·波尔金霍恩。我们读研究生的时候，一些对量子场论和粒子物理学感兴趣的同学就已经熟悉他的名字了。他研究过夸克，以及粒子作用的一些性质。当我陷入超弦理论时，我还阅读了他和别人合著的一本关于粒子散射的名著。尽管他的物理学成就足以引起任何一位同行的敬意，让我觉得不可思议的是，他在中年时放弃了专业物理学家身份，成为一名专业牧师。当然，在成为专业牧师后他并没有放弃物理学，例如你手中的这本书就是他在2002年出版的。

当他退出物理学界时，他47岁，这是1977年，那时我快高中毕业了。他说，他在25年的物理学职业生涯中已经做了能够对物理学做的事，他的最重要的研究也许已经做了，因此，神职工作应该是最好的第二个职业生涯。确实，他在第二个职业生涯中做得十分出色，56岁时担任了剑桥三一教堂的院长，同时担任皇后学院院长，直到66岁退休。

波尔金霍恩除了写专著外还写了几本科普著作，写得最多的还是科学与宗教的关系，一共26本，还获得了邓普顿奖金。他认为存在自由意志，这一点我很喜欢，因为我也相信人有自由意志。

但他不认为自由意志与量子世界的随机性有关，我却坚定地认为人的自由意志与量子有关，不一定是简单的随机性，也许与霍金的“无界理论”有些关系，我不确定。不管怎样，他是我的一个榜样，成功地实现了第二个职业生涯，当然，我不是有神论者，我的第二个职业生涯将是什么我还很模糊。作为序言，我扯得有点远了，但我觉得了解作者本人对阅读他的著作有帮助。

谨以此书纪念

保罗·阿德里安·莫里斯·狄拉克

1902—1984

我认为我可以肯定地说，现在没有人理解量子力学。

——理查德·费曼

目 录

致　谢

感谢牛津大学出版社工作人员在书稿付印过程中提供的帮助，并且特别感谢谢利·考克斯在第一稿中给予的许多有帮助的建议。

约翰·波尔金霍恩

于剑桥大学皇后学院

前 言

20世纪20年代中期，人类发现了现代量子理论。该理论带来了自艾萨克·牛顿时代以来人类认识物理世界本质的最重大变革。人们发现，曾经被认为是具有清晰、确定过程的地方，在亚原子基础上，其行为是模糊的、断断续续的。与这个革命性变化相比，狭义相对论和广义相对论的伟大发现，似乎仅仅是对经典物理的有趣改变。事实上，相对论的创始人阿尔伯特·爱因斯坦发现现代量子力学是如此不符合他的形而上学旨趣，以至于他直到临终时都在执拗地反对量子力学。可以毫不夸张地说，量子理论是20世纪最杰出的智力成果之一，而且它的发现对我们理解物理过程来说是一次真正的革命。

正因为如此，享受量子理论不应该成为理论物理学家独有的乐趣。虽然完整地描述这个理论需要使用它的自然语言——数学，但是，对于准备花一些精力来读完一个卓越发现的普通读者来说，它的许多基本概念还是可以被理解的。写这本书的时候，我考虑的就是这样的读者。本书正文不包含任何数学方程。在后面的简短附录中，我总结了一些简单的数学见解，它们可以给那些有能力消化更多知识的读者提供进一步的启示。

在最初发现之后超过75年的应用过程中，量子理论被证明是卓有成效的。目前人们自信且成功地将它应用于夸克和胶子（当代原子核物质基本成分的候选物）的讨论中，尽管这些物质最多只有量子先驱者们所关注的原子的亿分之一大。然而，依然存在一个深刻的矛盾。关于这一点，本书开篇引语有一些生动夸张的表述，代表了伟大的第二代量子物理学家理查德·费曼的看法，但事实显然是，虽然知道怎么得出结论，但我们对这个理论的**理解**尚不够充分。接下来我们将看到，重要的解释性问题仍然没有解决。要最终解决它们，不仅需要物理洞察力，还需要形而上学的决断。

年轻时，我有幸在保罗·狄拉克讲授其著名剑桥课程的时期，跟在他身边学习量子理论。狄拉克讲座的素材与他的拓荒之作《量子力学原理》基本一致。《量子力学原理》是20世纪科学出版物中真正的经典著作。狄拉克不仅是我个人认识的最伟大的理论物理学家，他纯粹的精神和谦逊的态度（他从没有丝毫强调过自己对物理学基本原理的巨大贡献）也使他成为一位励志人物和科学圣人。谨以本书纪念他。

第一章

经典物理的缺陷

现代物理科学的首次繁荣在1687年达到顶峰，其标志是艾萨克·牛顿的《自然哲学之数学原理》的出版。此后，力学作为一门成熟科学得以建立，并且能够以清晰确定的方式描述粒子运动。这门新兴科学看起来是如此地无懈可击，以至于在18世纪末，最伟大的牛顿力学继承者皮埃尔·西蒙·拉普拉斯做出了那个著名的断言：如果拥有无限的计算能力，并且知道某一时刻所有粒子的位置，人类就可以利用牛顿方程预测整个宇宙的未来，并且可以同样确定地反推宇宙的过去。实际上，这个有些骇人听闻的机械论断言始终摆脱不了人们对其狂妄自负的强烈怀疑。首先，人类自身就不能像时钟一样按部就班地自动工作。其次，牛顿力学的成就虽然毫无疑问非常引人瞩目，但其并没有囊括当时已知物理世界的方方面面，仍然有一些未解决的问题在威胁着对牛顿力学体系自足性的信心。例如，牛顿发现的普适的引力平方反比定律（万有引力定律）的本质和起源是什么？这是一个牛顿自己也拒绝给出假设来回答的问题。另外，光的本质问题也没有解决。这方面，牛顿倒是在一定程度上给出了一个推测性的看法。在《光学》一书中，牛顿倾向于认为光是由一束小粒子流组成的。这种微粒说与牛顿从原子论方面看待物理世界的倾向是一致的。

光的本质

现在看来，对光的本质的理解，直到19世纪，人们才取得真正的进步。19世纪伊始，即1801年，托马斯·杨给出了一个非常有说服力的证据，表明光具有波动性，这也证实了一个世纪以前与牛顿同时代的荷兰人克里斯蒂安·惠更斯的推测。杨氏实验的核心是我们今天称作干涉现象的效应，典型的例子就是光干涉实验中出现的明暗交替条纹。具有讽刺意味的是，牛顿本人已经发现了类似实验现象，今天我们称其为牛顿环。这类效应是波的特征，是按照如下方式发生的：两列波的叠加方式依赖于它们之间的相互振动。如果它们是同步的（物理学家的说法是相位同步），则波峰与波峰相互重叠，从而实现两列波间最大程度的相互加强。这种现象表现在光上就是明条纹。然而，当两列波完全不同步时（物理上指相位不同步），一列波的波峰与另一列波的波谷将会相互重叠，进而相互抵消。表现在光上，就会得到暗条纹。因此，明暗交替的干涉条纹的出现，毫无疑义地证实了波的存在。杨氏实验的结果似乎已经回答了光的本质问题，即光是一种波。

随着19世纪物理学的发展，人们对光的波动性的认识似乎变得更加清晰。汉斯·克里斯蒂安·奥斯特和迈克尔·法拉第的重要发现表明，电和磁这两种初看上去似乎特征迥异的现象，事实上彼此紧密相关。将电和磁以统一的方式进行描述的电磁

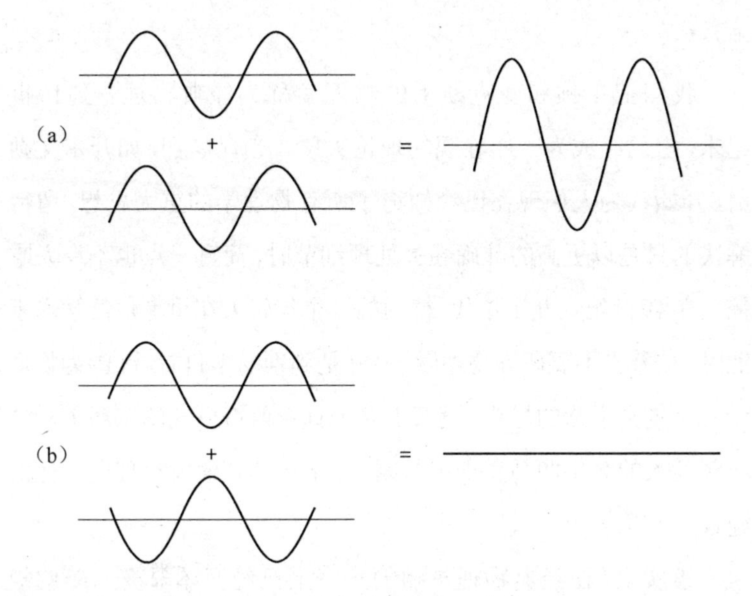

图1　两列波的叠加:(a)完全同步;(b)完全不同步

理论最终由詹姆斯·克拉克·麦克斯韦完成。麦克斯韦是一位天才,说他可以与牛顿齐名并不为过。1873年,麦克斯韦在《论电和磁》一书中,给出了著名的电磁理论方程,该方程至今仍是电磁理论的基石,而《论电和磁》也是科学出版史上开创时代的经典巨著。麦克斯韦认识到这些电磁方程拥有波类型解,并且这些波的速度由已知的物理常数决定。而实际上,这些波的速度就是光速!

这个发现被视为19世纪物理学最伟大的胜利。光是电磁波的事实似乎被完全证实。麦克斯韦和同时代人认为这些波是弥漫于宇宙的弹性介质的振动,这种介质随后被称为以太。在一篇百科全书式文章中,他说以太是整个物理理论中证实最充分的物理对象。

我们把牛顿和麦克斯韦的物理学称为经典物理。到19世纪末，它已经成为一座壮观的理论大厦。当元老们，如开尔文勋爵，开始认为人们现在已经知道了所有物理学的重大思想，留待解决的只是以更高的准确性去处理细节时，简直一点也不令人吃惊。在19世纪八九十年代，德国的一个年轻人在思考他的学术事业时，被警告不要研究物理学，最好是到别的学科看看，因为物理学已经走到了路的尽头，没留下多少真正值得研究的东西了。这个年轻人的名字叫马克斯·普朗克，幸运的是他没有理会给他的建议。

事实上，在经典物理华丽的外表上已经开始显露出一些缺陷。在19世纪80年代，美国人迈克尔逊和莫雷已经做了一些聪明的实验，试图证明地球在以太中的运动。其思想如下：如果光确实是该介质中的波，那么测量到的光速应该取决于观测者如何相对于以太移动。想象一下海上的波浪。从一艘船上观测到的它们的视觉速度，取决于这艘船是随着这些波浪运动还是逆着这些波浪运动，前者的速度要小于后者。设计这个实验的目的是比较光在两个相互垂直方向上的速度。只有当地球在进行测量时碰巧与以太相对静止，这两个速度才有望相同，而这种可能性可以通过在几个月后重复这个实验予以排除，那时地球在它的轨道中就向不同的方向运动了。实际上，迈克尔逊和莫雷探测不出任何速率上的差别。解决这个问题需要爱因斯坦的狭义相对论，该理论彻底摒弃了以太。这个伟大的发现并不是我们现在的关注点，不过应该注意到，相对论虽然意义重大且令人惊讶，却并没有放弃经典物理所具有的清晰性和确定性。这就是为什么我在前言中说狭义相对论所要求的革命性思想比量子理论所要求的要少得多。

光　谱

量子革命的第一个线索实际上出现于1885年，虽然当时并没有被认识到。这个线索源自一名瑞士教师巴耳末的数学涂鸦。他当时正在思考氢光谱，也就是从白炽气体发射出来的光经过棱镜后分裂成的一组分离的彩色条纹。不同颜色对应于所涉及光波的不同频率（振荡速率）。通过摆弄数字，巴耳末发现这些频率能够用一个非常简单的数学公式来描述（见数学附录**1**）。在那个时代，该发现似乎仅仅是一种好奇。

随后，人们试图用他们当时对原子的认识去理解巴耳末得出的结果。1897年，汤姆森发现原子中的负电荷由微小粒子携带，这些微小粒子最后被命名为“电子”。用以平衡的正电荷被假定为只是简单地分布在整个原子中。这个观点被称为“梅子布丁模型”，电子相当于梅子，正电荷相当于布丁。光谱频率从而对应于电子在正电荷“布丁”中的各种振荡方式。然而，以在经验上令人满意的方式使这个观点实际起作用是极其困难的。我们将会看到，对巴耳末的古怪发现的正确解释，最终使用了一套非常不同的观点。同时，原子的本质可能太令人费解，因而这些问题没有引起大范围的关注。

紫外灾难

更加明显具有挑战性和迷惑性的是另一个被称为"紫外灾难"的难题，这个难题最先由瑞利勋爵于1900年发现。紫外灾难源自19世纪另一个伟大发现——统计物理的应用。这里，科学家们试图理解和掌握复杂系统的行为，复杂系统中具体的运动状态可以呈现很多不同的形式。这种系统的一个例子就是由许多不同分子组成的一种气体，其中每个分子处于各自的运动状态。另一个例子就是辐射能，它可能由许多不同频率的能量组成。追踪如此复杂的系统中正在发生的所有细节是不可能的，但是，它们整体行为的一些重要方面仍可以被计算出来。事实就是这样，因为整体行为是对许多个体成分运动状态的一个粗粒化平均的结果。在这些可能性当中，最有可能的那一个起支配作用，因为它表现出压倒一切的最大可能。基于最概然估计，克拉克·麦克斯韦和路德维希·玻尔兹曼得以证明，人们能够可靠地计算一个复杂系统整体行为的特定整体性质，例如，已知气体的体积和温度来计算气体的压强。

瑞利将统计物理的这些技术应用到黑体辐射问题上，研究能量是如何分布在不同频率之间的。所谓的黑体就是能够对入射到身上的辐射全部吸收，并能将它们全部再发射出去的物体。黑体的平衡态辐射光谱问题似乎是一个相当另类的问题，但实际上，在非常好的近似下黑体是可实现的。因此，这是一个在理论上和实验上都可以研究的问题，例如研究一个特制烤箱内部的辐射。这个问题可以通过以下已知事实来简化：该问题的答案仅取决于黑体的温度，而不取决于黑体结构的任何其他细节。瑞利指出，直接应用屡试不爽的统计物理思想将导致灾难性的结果。计算结果不仅与测量的光谱不一致，而且根本没有任何意义。计算结果预言，集中在高频处的能量将会无限大。这个令人尴尬的结论被称为“紫外灾难”。它的灾难性足够清晰：“紫外”是“高频”的另一种说法。灾难的出现是因为经典统计物理学预见到，系统的每个自由度（这里指辐射能够波动的每种特定方式）都将接受相同的固定能量，该能量大小仅取决于温度。频率越高，对应的振荡模式的数量就越多，结果就是高频区的任何东西都不受控制，进而堆积出无限能量。这个问题不只是经典物理学光鲜外表上的一个难看的瑕疵，更确切地说，它是大厦裂开的一个巨大漏洞。

一年内，已在柏林担任物理教授的马克斯·普朗克发现了一个非比寻常的方法来摆脱这个困境。他告诉儿子，他相信自己做出了一个与牛顿力学同样意义重大的发现。这看起来是在夸口，但是普朗克只是说出了朴素的事实。

经典物理认为，辐射是连续地渗入和渗出黑体的，就像水渗入和渗出海绵一样。在经典物理平滑变化的世界里，其他的猜测看起来都是完全没有道理的。然而，普朗克提出了一个相反的看法，认为辐射是在确定大小的能量包里不时地进行发射和吸收的。他指明这些**量子**（对能量包的称呼）之一包含的能量应与辐射的频率成正比。比例系数被认为是自然界的一个普适常数，现在被称为普朗克常数，并用符号h来表示。与日常经验中的尺寸相比，h的量级非常小。这就是辐射的这一间断行为以前没有被注意到的原因：一行小点非常紧密地靠在一起，看起来就像实线一样。

这个大胆假说的一个直接结果就是，仅在单量子能量明显很高的事件中能够发射或吸收高频辐射。与经典物理的期望相比，这个大能量的代价意味着高频事件被严重抑制。以这种方式化解高频困难，不仅消除了紫外灾难，同时还产生了一个与经验结果非常一致的公式。

显然，普朗克意识到的事情意义重大。但是究竟这个重大意义是什么，刚开始无论是他还是其他人都无法确定。人们应该对量子重视到什么程度？它们是辐射的永久特征，还是仅仅是辐射碰巧与黑体相互作用的方式的一个方面？毕竟，从水龙头上滴下的水形成了一串水量子，但是只要落到盆中，它们就与其他的水混合而失去了自己的特性。

光电效应

下一个进展是由一位时间充裕的年轻人完成的。当时这位年轻人是伯尔尼专利局的一名三级检查员。他的名字就是阿尔伯特·爱因斯坦。在爱因斯坦的奇迹之年——1905年，他做出了三项奠基性发现，其中之一被证明是量子理论展开中的故事的下一步。爱因斯坦通过研究光电效应来思考那些已经显现但令人费解的光性质（见数学附录**2**）。光电效应是指一束光将电子从金属内部弹射出来的现象。金属包含电子，电子可以在金属内部四处移动（电流就是由电子流动产生的），但是电子并没有足够的能量使它们完全逃离金属。光电效应的发生一点也不令人吃惊。辐射将能量转移到被限制在金属内部的电子上，如果电子获得的能量足够多，就能够摆脱限制它们的力。按经典物理的方式来思考，电子将会被光波的“汹涌”所搅动，一些电子被搅动得足够厉害从而能够从金属中振动松脱出来。根据这个看法，由于光束的强度决定了它所包含的能量，金属中电子被光波搅动出来的程度将依赖于光束的强度，而不会预见到对入射光的频率有任何特别的依赖。事实上，实验显示出的是完全相反的情况。当低于一个特定的临界频率时，不管光束有多强，都没有电子被发射出来；相反，当高于那个临界频率时，即使非常弱的光束都能够发射出一些电子。

爱因斯坦看到，如果认为光束是一串持续量子流，这个令人费解的情况将立刻变得明白易懂。一个电子被发射出来是因为这些量子中的一个与其碰撞并且失去了全部能量。根据普朗克量子假说，那个量子中的能量值与频率成正比。如果频率太低，在一次碰撞中将没有足够的能量被转移以使电子能够逃离。另一方面，如果频率超过了某个临界值，将会有足够的能量使电子得以逃离。光束的强度仅仅决定其包含多少量子，因此也决定有多少电子被卷入碰撞并射出。增加光束强度不能改变在单次碰撞中被转移能量的多少。认真对待光量子（它们后来被称为“光子”）的存在，就可以揭开光电效应的神秘面纱。年轻的爱因斯坦完成了一个重大的发现。事实上，他最终因为这个发现而被授予诺贝尔奖，瑞典皇家科学院大概认为给他在1905年的另外两个伟大发现——狭义相对论和对分子真实性的令人信服的证明——颁发诺贝尔奖还是有疑问的！

光电效应的量子分析是一项伟大的物理学胜利，但是这项胜利似乎也付出了惨重代价。现在，该课题面临一个严峻的危机。如何调解19世纪那些关于光的波动性的伟大认识与这些新思想的冲突？毕竟，波是一种分散的、摆动的事物，而量子是粒子性的，像小子弹一样。两者怎么可能同时是正确的？相当长的一段时间里，物理学家只得接受光的波粒二象性这种令人不快的悖论。试图否认杨和麦克斯韦或者普朗克和爱因斯坦任何一方的观点，都不会取得任何进展。人们只得勉强依靠经验，即使并不理解。许多人似乎已经开始这么做，他们采取了转移注意力这样相当怯懦的策略。但最终，我们会发现这个故事有一个圆满的结局。

核型原子

同时，物理学家的注意力从光转向了原子。1911年，欧内斯特·卢瑟福在曼彻斯特与一帮年轻的合作者一起，开始研究一些带正电的被称作α粒子的小抛射物冲击金薄膜时的表现。大多数α粒子受影响很小，直接通过，但令研究者非常吃惊的是，有一些α粒子的偏转非常大。后来卢瑟福说，这就像一个15英寸的炮弹打到一张薄纸片上却反弹回来一样令人惊讶。对于这个结果，原子的梅子布丁模型根本没有任何意义。α粒子本应该像子弹穿过蛋糕一样顺利穿过。卢瑟福很快认识到只有一个方法能摆脱这个困境。排斥带正电α粒子的金原子正电荷，不能像在布丁里一样分散开来，而必须全部集中在原子的中心。与这个集中正电荷的近距离相遇将有足够的能力来偏转α粒子。卢瑟福是一位出色的实验物理学家，但并不是一位伟大的数学家。因此，他能从在新西兰的大学时代就学习的古老力学教科书中跳出来，进而证明原子中心的正电荷被负电子所围绕——这个想法与他观测到的α粒子行为完美符合。梅子布丁模型立即让位给原子的"太阳系"模型。卢瑟福和他的同事发现了原子核。

这是一次伟大的成功，但是乍一看，似乎又是一个付出惨重代价的胜利。事实上，原子核的发现又让经典物理跌进最深的危机中。如果原子中的电子环绕着原子核转动，那么电子将不停地改变它们的运动方向。在此过程中，经典电磁理论要求它们应该辐射出一部分能量。因此，它们应该稳定地向原子核移近。这是一个真正的灾难性结论，因为这意味着原子不稳定，其组成部分电子会盘旋塌缩到中心。此外，在此衰减过程中，将会发射连续的辐射模式，看上去一点也不像巴耳末公式给出的分立的谱频率。1911年以后，经典物理学的宏伟大厦，不只是开始破裂，而且似乎受到了一场地震的袭击。

玻尔原子

然而，如同普朗克处理紫外灾难的情况一样，也有一位理论物理学家来拯救这个危机。他提出一个大胆而激进的新假说，从失败的虎口夺得成功。这次是一位年轻的丹麦人，名叫尼尔斯·玻尔，在卢瑟福的曼彻斯特实验室工作。1913年，玻尔给出了一个革命性的提议（见数学附录**3**）。普朗克已经将能量渗入和渗出黑体的平滑过程这一经典理念，替换为能量以量子方式发射和吸收的断断续续的离散过程理念。从数学的意义上来讲，这就意味着一个物理量——比如能量改变——以前认为可以取任何数值，现在却认为仅能取一系列分立的值（包含1，2，3，……个量子）。数学家会说连续已经被离散取代了。玻尔看出，这可能是正在缓慢诞生的新物理学的总体趋势。他将普朗克应用在电磁辐射上的类似原理应用在了原子上。经典物理学家本来料想环绕原子核运动的电子轨道半径可以取任意值。玻尔提出用离散轨道要求来代替连续轨道要求，即轨道半径只能取一系列确切的值，并且可以进行枚举（即第一个轨道，第二个轨道，第三个轨道，……）。他还明确提出如何利用包含普朗克常数h的公式来确定这些可能的半径。（他的提议涉及角动量，这是一个测量电子旋转运动的物理量，和h有相同的物理单位。）

这些提议得到两个结果。一是重建了原子稳定性，这一点令人非常满意。一旦电子处于最小允许半径对应的状态（也就是能量最低的状态），电子将没有能量更低的地方可去，因此也就没有能量可以损失。当电子从大半径状态失去能量时，将不得不到达这个最低的能量状态。玻尔假设当这种过程发生时，多余的能量将会以一个光子的形式辐射出去。逻辑推论显示，上述想法直接导致了玻尔大胆猜想的第二个结果，即巴耳末公式对谱线的预测。差不多30年后，这个神秘的数值预测从一件无法理解的怪事变成了新原子理论的一个清楚明白的性质。谱线的锐利性可以被看成是离散的反映，而离散也开始被认为是量子思维的一个典型特征。基于经典物理所期望的连续螺旋运动被极其不连续的量子跃迁所取代，即电子从一个半径允许的轨道跃迁到一个更小半径允许的轨道。

玻尔原子理论是一项伟大的成就。但是，从许多方面来说，它仍然只是对经典物理的创造性修补。事实上，玻尔的先驱性工作本质上就是修补，是给破碎的经典物理大厦打补丁。更进一步拓展这些概念的尝试很快就碰到困难，遭遇矛盾。这些努力后来被称为“旧量子理论”，是牛顿和麦克斯韦的经典思想与普朗克和爱因斯坦的量子观点的不自然、不协调的结合。玻尔的工作是展开量子物理历史至关重要的一步，但它仅仅是通往“新量子理论”道路上的一个补给站，新量子理论对这些奇怪的想法进行了完全整合和协调一致的解释。在新量子理论实现之前，另一个重要现象有待发现，它进一步强调了寻找方法来面对量子思维势在必行。

康普顿散射

1923年，美国物理学家阿瑟·康普顿研究了物质对X射线（高频电磁辐射）的散射。他发现被散射的辐射改变了频率。按照波动图像，这是不可理解的。波动图像暗示散射过程是由于原子中的电子从入射波中吸收和再发射能量，并且在此过程中频率是不会变化的。然而，按照光子图像，这个结果却很容易理解。在电子和光子之间发生了类似“台球”的碰撞，在此过程中，光子失去了一些能量给电子。根据普朗克的方法，能量的变化与频率的变化是相同的。因此，康普顿可以对他的观测给出定量的解释，进而为电磁辐射的粒子性特征提供了迄今为止最有说服力的证据。

本章中讨论的一系列发现所引起的困惑将很快被解决，不会持续太久。在康普顿的工作完成后不到两年，物理学家取得了显著的、持久的理论进展。新量子理论的曙光开始显现。

第二章

曙光显现

对于物理学界来说，马克斯·普朗克的先驱性工作之后的几年是一段困惑和黑暗的时期。光既是波，也是粒子。引人入胜的成功模型，如玻尔原子，给人以新的物理理论即将诞生的希望。但是，强加在经典物理破碎废墟上的这些量子补丁并不完美，这表明在一致协调的物理图景出现之前还需要更多的洞察力。当曙光最终降临的时候，一切就像热带的日出一样突然。

在1925年到1926年间，现代量子理论已经变得非常成熟了。在理论物理学界人们的记忆里，这些奇迹之年仍然具有十分重要的意义，仍然能唤起人们的敬畏，尽管生活的记忆已不再造访那些英雄时代。当现代物理理论的基本面有所萌动的时候，人们可能会说："我感觉1925年又重来一次。"这样的话语中有着依依不舍的意味。就像华兹华斯谈论法国大革命那样，"能活在那个黎明，已是幸福；若再加上年轻，更胜天堂！"其实，在20世纪最后的75年里，物理学界仍有很多重要的进展，但是尚未出现像量子理论诞生时那样物理原理的第二次彻底改变。

特别地，有两个人使量子革命得以开展，他们几乎同时产生了令人吃惊的新想法。

A. 皮卡特　E. 亨利厄特　P. 埃伦费斯特　Ed. 赫尔岑　Th. 德康德　E. 薛定谔　E. 费斯哈费尔特　W. 泡利　W. 海森堡　R.H. 福勒　L. 布里渊

P. 德拜　M. 克努森　W. L. 布拉格　H. A. 克莱默　P. A. M. 狄拉克　A. H. 康普顿　L. 德布罗意　M. 波恩　N. 玻尔

I. 朗缪尔　M. 普朗克　居里夫人　H.A.洛伦兹　A. 爱因斯坦　P. 郎之万　Ch.E. 居伊　C.T.R. 威尔逊　O.W. 里查逊

缺席: W.H. 布拉格勋爵、H. 德朗德尔、E.范奥贝尔

图2　量子理论之伟大与壮丽: 1927年索尔维会议

矩阵力学

其中一个是位年轻的德国理论学家，名叫维尔纳·海森堡。他一直在努力了解原子光谱的细节。光谱在现代物理学的发展中起着非常重要的作用。其中一个原因是，光谱线频率测量的实验技术能够做到精细入微，因此能够给出非常准确的实验结果，进而提出非常精确的问题，让理论学家去攻克。我们已经在氢原子光谱中看到了它的一个简单例子，即巴耳末公式和玻尔用他的原子模型给出的解释。自那以后，问题变得更加复杂了。总体来说，海森堡关注的是寻求一个对光谱性质更广泛和更有雄心的解决方案。当海森堡在北海黑尔戈兰岛上从一次严重的枯草热中恢复时，他完成了一个巨大的突破。计算看起来是相当复杂的，但是当数学的尘埃落定时，很明显可以看出，使用到的是被称为矩阵（按照特定方式乘在一起的数组）的数学对象的运算操作。因此，海森堡的发现被称为矩阵力学，其基本思想稍后将以更一般的形式呈现。目前，我们只需注意到矩阵和简单数字的区别在于，一般来说，矩阵不能相互交换。也就是说，如果A和B是两个矩阵，乘积AB和乘积BA通常是不相同的，乘法的顺序至关重要。这与数字不同，数字2乘3和3乘2得到的都是6。结果证明，矩阵的这种数学性质有着非常重要的物理意义，它和量子力学中什么物理量能够被同时测定密切相关。（更深入的数学推论请见数学附录**4**，它对量子理论的全面发展是必需的。）

在1925年，矩阵对于普通的理论物理学家来说是数学舶来品，就如同今天矩阵对于本书的非数学专业的普通读者来说一样。那个时代的物理学家比较熟悉的数学是关于波动的数学（包括偏微分方程）。这里用到的，就是麦克斯韦所提出的那类经典物理学中所用的标准技术。紧随海森堡的发现出现了一个看起来非常不同的量子理论版本，它以波动方程为基础，具有更加友好的数学表述。

波动力学

量子理论的第二种表述被称为波动力学是非常恰当的。它的成熟版本是奥地利物理学家埃尔温·薛定谔发现的。但是，在稍早一点的时间，波动力学已经在正确的方向上迈出了一步，由年轻的法国贵族路易斯·德布罗意王子完成（见数学附录**5**）。德布罗意提出一个大胆的建议：如果波动的光也可以表现出粒子的性质，人们也许可以相应地预期粒子——比如电子——同样能表现出波动性。通过扩大普朗克公式的应用，德布罗意能够用定量的形式描述这个想法。普朗克已经使能量的粒子性质与频率的波动性质成比例。德布罗意建议，另一个粒子性质——动量（一个重要的物理量，定义明确且大体上对应于粒子持续运动的能力），应该类似地与另一个波动性质——波长相关，相关比例系数还是普朗克的普适常数。这种等价性提供了一种微型词典，可以把粒子翻译成波，或者将波翻译成粒子。1924年，德布罗意在他的博士论文中展示了这些想法。巴黎大学当局非常怀疑这类异端观念，但是幸运的是，他们暗地里咨询了爱因斯坦。爱因斯坦坦认可了这位年轻人的才华，德布罗意也被授予博士学位。在短短几年之内，美国戴维森和杰默以及英国乔治·汤姆森的实验都能够证明，一束电子与晶体晶格相互作用时存在电子干涉图样，从而证实了电子确实能够表现出波动行为。路易斯·德布罗意在1929年被授予诺贝尔物理学奖。（乔治·汤姆森是约瑟夫·汤姆森的儿子。人们经常说，父亲赢得诺贝尔奖是因为证实电子是一个粒子，而儿子赢得诺贝尔奖是因为证实电子是一种波。）

德布罗意提出的想法建立在对自由运动粒子性质的讨论之上。为了实现一个完整的动力学理论，需要做更深入的推广，以便允许在理论中加入相互作用。这是薛定谔成功解决的问题。早在1926年，他就发表了现在以他名字命名的著名方程（见数学附录**6**）。引导他发现方程的方法是通过与光学进行类比。

虽然19世纪的物理学家认为光是由波组成的，但是他们并没有总是用成熟的波动计算技术去获知发生的情况。如果与定义问题的尺寸相比，光的波长较小，就有可能引入一个极其简单的方法。这个方法就是几何光学。几何光学把光视为按直线传播，并按照简单的规则进行反射和折射的射线。今天中学物理中基本的棱镜和平面镜系统的计算就是按照相同的方式在进行，计算者根本不需要担心复杂的波动方程。应用在光上的射线光学是比较简单的，类似于在质点力学中画轨迹。如果质点力学仅仅是更基础的波动力学的一个近似，薛定谔认为波动力学可以通过逆向思考来发现，类似于从波动光学导出几何光学。按照这个方法，他发现了薛定谔方程。

在海森堡向物理学界介绍他的矩阵力学理论后仅几个月，薛定谔就发表了他的想法。那时，薛定谔38岁。这提供了一个杰出的反例，否定了理论物理学家做出真正的原创工作是在25岁之前的断言——这个断言有时是科学家以外的人做出的。薛定谔方程是量子理论的基本动力学方程。它是偏微分方程中相当简单的一类，也是那时物理学家非常熟悉的一种，对这种方程物理学家已经拥有数学求解技术的强大积累。薛定谔方程用起来要比海森堡新奇的矩阵方法容易得多。人们立刻就可以开始工作，将这些想法应用到多种多样的具体物理问题上。对于氢原子光谱，薛定谔自己能够从他的方程推导出巴耳末公式。这个计算显示了玻尔在对旧量子理论极富创造力的修补当中，距离真相究竟有多近，又有多远。(角动量是重要的，但其重要性并不体现在玻尔提出的方式中。)

量子力学

很明显，海森堡和薛定谔已经取得了不俗的进展。然而乍一看，他们提出新思路的方式是如此不同，以至于看不清楚是他们做出了同样的发现、仅是表述不同，还是他们提出的原本就是两个竞争性的提议(见数学附录**10**的讨论)。重要的澄清工作随后很快出现，其中哥廷根大学的马克斯·玻恩和剑桥大学的保罗·狄拉克做出了非常重大的贡献。很快就确定有一个基于一般原理之上的理论，其数学描述可以表现为许多等价的形式。这些一般原理最终在狄拉克的《量子力学原理》一书中得到明确阐述。该书首次出版于1930年，是20世纪的一个智慧经典。其第一版的序言以看似简单的陈述开始："在本世纪，理论物理学方法的发展经历了一次巨变。"我们现在必须考虑这次巨变带来的物理世界本质的变革。

可以这么说，我学习的量子力学是绝对可靠的。也就是说，我聆听了狄拉克在剑桥讲授的著名的量子理论课程，该课程持续了30年。听众不仅包括像我这样的大四本科生，还经常有资深的拜访者。这些拜访者理所当然地认为，从一个量子理论的杰出人物口中再听一遍他的课程是种特别的荣幸，虽然他们可能已经非常熟悉课程的大致内容。讲座几乎完全是按照狄拉克那本书的结构进行的。令人印象深刻的是，狄拉克完全没有强调他本人对这些伟大发现所做出的贡献。我已说过，狄拉克属于一类科学圣人，其内心纯净，目标明确。讲座令人如痴如醉，其清晰度和论点的磅礴展开，就如同巴赫赋格曲的发展一样令人舒心且看似必然。讲座没有使用任何形式的修辞手法，但是在讲座开始时，狄拉克允许自己做一些适当的舞台动作。

他拿起一支粉笔，折成两半，一段放在讲台的这一边，一段放在讲台的那一边。然后狄拉克说，从经典的角度看，一个状态是这支粉笔在"这儿"，一个状态是这支粉笔在"那儿"，而且这是仅有的两种可能性。然而，将粉笔换成电子，在量子世界中电子不仅有"这儿"和"那儿"的态，还有一大堆其他的态。这些态是两种可能性的混合体——一点"这儿"态和一点"那儿"态的叠加。量子理论允许态的混合叠加，但是在经典物理中态是彼此排斥的。正是这种有悖常理的概率叠加区分了量子世界和日常经典物理世界（见数学附录7）。用专业术语来说，这个新的可能性被称为**叠加原理**。

双缝和态叠加

利用双缝实验，人们可以很好地阐述叠加假设带来的根本性结果。活力四射的诺贝尔物理学奖获得者理查德·费曼（他逸事风格的作品激起了公众的遐想），曾经将这个现象描述为躺在“量子力学的心脏”上。他认为，必须将量子力学整体吞下，而不必担心它的味道或者是否可以消化。这可以通过囫囵吞下双缝实验来体验一下：

> 实际上，它包含了**唯一**的神秘。我们无法通过“解释”它如何工作来消除神秘。我们只能**告诉**你它是如何工作的。在**告诉**你它如何工作时，我们就会告诉你所有量子力学的基本特点。

经过这样一个预告，读者一定想去了解这个有趣的现象。该实验包含一个量子对象源，我们可以说是一支电子枪，它可以发射一束稳定的粒子流。这些粒子撞击一面接收屏，该屏有两道狭缝A和B。在狭缝屏的另一边，有一面探测屏，用以记录到达的电子。它可以是一块很大的感光板，每个入射电子都可以在上面留下标记。电子枪的电子发送速率已经调节过，确保在任一时刻仅有一个电子穿过仪器。然后，我们看看会发生什么。

电子一个接一个到达探测屏，每一个电子都出现一个对应的标记，记录了它的撞击点。这清楚显示单个电子表现出粒子行为。然而，当大量的标记积累在探测屏上时，我们发现这些标记产生的集体图案，能显示出我们所熟悉的干涉效应条纹。在双缝中间点对面的探测屏上，有一个致密的暗斑，其对应于沉积电子数目最多的位置。在此中心带的两侧都有交替出现的明带和逐渐缩小的暗带，分别对应于没有电子到达和有电子到达的位置。这种衍射图案（物理学家对这些干涉效应的称谓）是电子表现出波动行为的明确标志。

该现象是电子波粒二象性的一个简洁的例子。电子一个接着一个到达是粒子行为，产生的集体干涉图样是波动行为。但是，接下来要讲的东西更为有趣。我们可以探究得更深入一点，问问下面这个问题来看看到底发生了什么：当一个不可分的单个电子穿过仪器时，它是通过哪一道狭缝到达探测屏的？我们假定它通过上面的狭缝A。如果确实是这样，下面的狭缝B就是根本无关的，它也可以暂时被关闭。但是，如果只有狭缝A打开，电子并不是最有可能到达远端屏的中点，而是最可能到达与狭缝A对应的点。既然事实并非如此，我们得出结论：电子不可能是通过了狭缝A。通过类似讨论，我们也可以得出电子没有通过狭缝B的结论。那么，究竟发生了什么呢？伟大的夏洛克·福尔摩斯喜欢说的一句话是，当你已经摒弃了不可能，无论剩下的是什么，那一定是真相，不管它看起来是多么不可能。这条福尔摩斯原理可

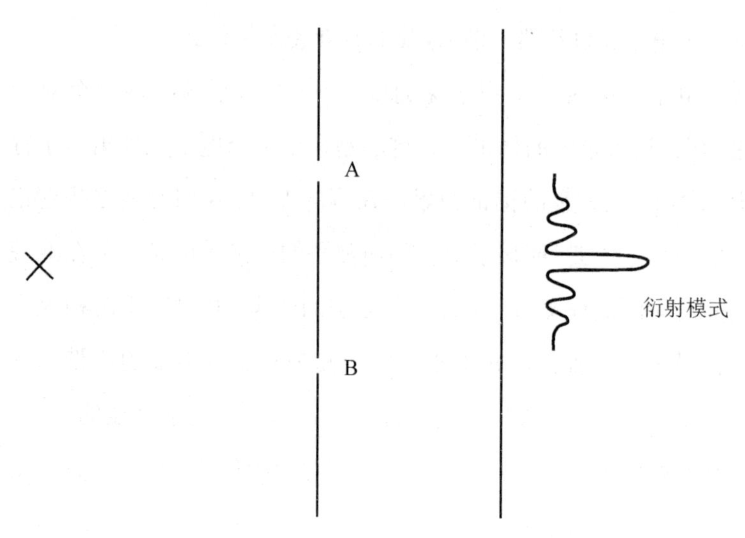

图3　双缝实验示意图

以引导我们得出结论：这个不可分的电子**同时通过了双缝**。就经典直觉而言，这是一个荒谬的结论。然而，就量子理论的叠加原理而言，这是完全合情合理的。电子的运动状态是（通过狭缝A的）状态和（通过狭缝B的）状态的相加。

叠加原理暗含了量子理论两个非常普遍的特征。其一是，对于物理过程中所发生的情况已经不再可能形成清晰的图像。生活在（经典）日常世界中的我们，无法设想一个不可分粒子同时穿过双缝。另一个结果是，当我们进行观测时，已经不可能精确地预言将会发生什么。假如，我们来改造双缝实验，在双缝的每一道缝附近都放一个探测器，从而可以确定电子究竟通过哪道缝。事实证明，这个实验改造会带来两个结果。一是，电子有时被靠近狭缝A的探测器探测到，有时也被靠近狭缝B的探测器探测到。在任何一个特定时刻，根本不可能预言电子究竟在哪里可以被找到，但是经过一系列的试验，两道狭缝的相对概率会是一半对一半。这说明了一个普遍特征，即在量子理论中，对测量结果的预测是统计性质的，而不是决定性质的。量子理论经营的是可能性，而不是确定性。这个实验改造的另一结果是，破坏了终端探测屏上的干涉图样。电子不再倾向于到达探测屏的中点，到达狭缝A对面和到达狭缝B对面的那些电子是平均分布的。换句话说，发现什么样的电子行为取决于想要寻找什么样的性质。问一个粒子性问题（哪一道狭缝？），就得到一个粒子性的答案；问一个波动性问题（仅仅是关于探测屏上的最终累积图样），就会得到一个波动性答案。

概　率

首次清晰强调量子理论概率特征的是哥廷根大学的马克斯·玻恩。因为该成就，他将获得当之无愧的诺贝尔奖，不过一直要到1954年才授予。波动力学的到来已经提出了人们熟悉的问题：是什么的波？最初，人们倾向于猜测它可能是物质波的问题，因此就是电子本身以波动的方式在空间延展。玻恩很快认识到，这样的想法说不通，因为它不能容纳粒子性质。取而代之的应该是概率波，也就是薛定谔方程所描述的。这个进展并没有使所有先驱者都满意，因为许多人固守着经典物理的确定性本能。当量子力学展示出概率特征时，德布罗意和薛定谔两人都对量子物理大失所望。

概率解释暗示着，测量时刻必须是瞬间的、不连续改变的时刻。如果电子处于一个状态，它的概率分散到“这儿”“那儿”，又或者是“任何地方”，当测量它的位置并发现在此之际它在“这儿”时，电子的概率分布就会突然改变，变得仅仅集中在测量的确切位置“这儿”。既然概率分布是从波函数计算出来的，波函数也必须不连续地改变，这是薛定谔方程本身并没有揭示出的一个行为。这种突然改变的现象被称为波包塌缩，是一个额外条件，必须从外部强加到理论上。在下一章中，我们将看到，关于如何理解和解释量子理论，测量过程会继续引起很多困惑。对于某些人如薛定谔，这个问题激发的不仅仅是困惑。薛定谔对它满怀厌恶，他说，如果知道自己的想法将会引起这个“该死的量子跳跃”，宁愿当初没有发现他的方程！

观测量

（敬告读者：这一节包括一些简单的数学思想，非常值得下功夫去学习，但是需要用心才能消化。在本书正文中，这是仅有的冒险使用了一些数学知识的一节。我很遗憾，对于非数学专业人士来说它难免有点难懂。）

经典物理描述的世界是清晰又确定的。量子物理描述的世界是模糊又不稳定的。就形式（即量子理论的数学表述）来说，我们已经看到这些性质源自量子叠加原理允许状态混合，而这与经典世界是严格不相容的。这个简单的违反直觉的可加性原理，利用叫作矢量空间的东西，找到了一个自然的数学表达形式（见数学附录7）。

普通空间的一个矢量可以被想象为一个箭头，具有已知长度并指向已知方向。箭头能够被简单地一个接一个地加在一起。例如，正北方向的4英里与正东方向的3英里相加，可以得到北偏东37°方向的5英里（见图4）。数学家能够将这些思想推广到任意维度的空间。所有矢量拥有的基本性质就是它们可以加和。因此，它们给量子叠加原理提供了一个自然的数学对应。这里我们不需要关心细节，但是既然使用术语带来的便利总是好的，就

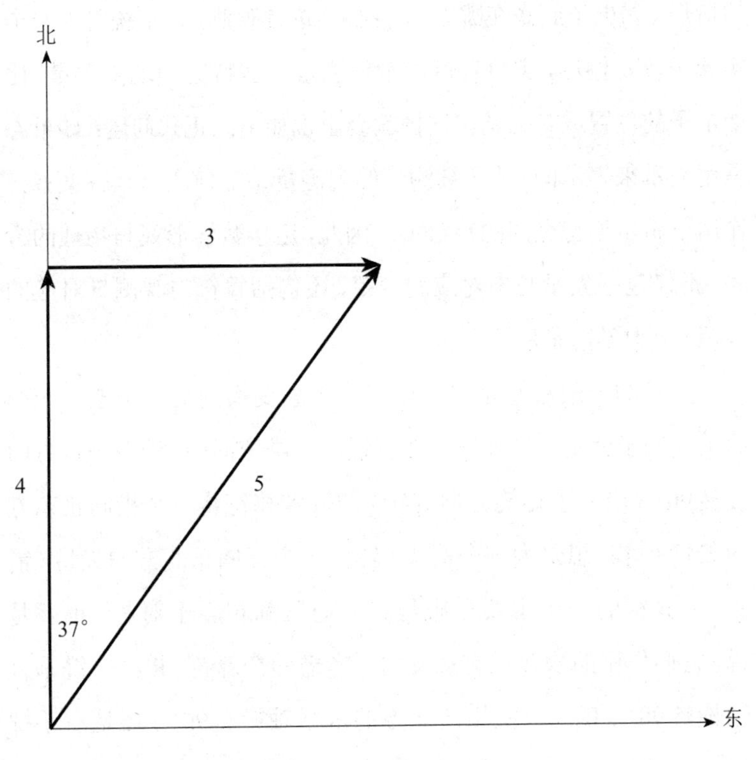

图4　矢量相加

值得谈到一种特别复杂的矢量空间形式——希尔伯特空间，它为量子理论提供了出色的数学工具。

到目前为止，我们集中讨论了运动的状态。有人可能会认为，它们产生于给实验准备初始材料的具体方法，如从电子枪中发射电子、使光通过特定的光学系统、用一套特定的电场和磁场使粒子偏转等等。对于已经准备好的系统，可以将状态看作“情况是什么样的”，尽管量子理论的不可图像化意味着情况不会像经典物理中那样清晰和直接。如果物理学家想知道一些更精确的情形（如电子到底在哪？），就必须进行观测，给系统引入一个实验干预。例如，实验者可能希望测量一些特定的动力学量，比如电子的位置或者动量。这样就会出现如下的正式问题：如果态是用矢量来表示的，那么被测量的观测量该如何表示？答案就在作用于希尔伯特空间的算符上。因此，连接数学形式与物理的方案，不仅包括矢量与态对应的规范，还包括算符与观测量对应的规范（见数学附录**8**）。

算符的一般思想是它可以将一个态变换到另一个态。一个简单的例子就是旋转算符。在普通的三维空间中，沿着垂直方向旋转90°（沿右手螺旋方向旋转）的旋转算符将一个指向正东方的矢量（将其想象为一个箭头）转成一个指向正北方的矢量（箭头）。算符的一个重要性质是它们通常都相互不对易；也就是说，它们作用的次序是有意义的。考虑两个算符：R_1——绕垂直轴旋转90°；R_2——绕指向北方的水平轴旋转90°（还是右手螺旋）。按照先R_1后R_2的次序，旋转指向东方的箭头。R_1使箭头转成指向正北方的箭头，然后在R_2的作用下保持不变。我们将按这种次序作用的两个算符表示为$R_2.R_1$，因为算符总是从右往左读，这有点像希伯来语和阿拉伯语。按照相反的次序应用这些算符，将首先使箭头从正东方转到正下方（算符R_2的结果），然后箭头也将保持不变（算符R_1的结果）。由于$R_2.R_1$作用的结果是指向正北方的箭头，而$R_1.R_2$作用的结果是指向正下方的箭头，所以这两者产生的结果是明显不同的。次序至关重要——旋转算符相互不对易。

数学家们后来认识到矩阵也可以看作算符，因此海森堡使用的非对易性矩阵是算符一般性质的另一个特例。

所有这些似乎相当抽象，但是非对易性被证明是一个重要物理性质的数学对应。为了看出这是如何发生的，必须先弄清观测量的算符形式如何关联到真实实验结果。算符是相当复杂的数学对象，但是测量结果总是被表达为简单的数字，比如2.7单位的任何可能的东西。抽象理论要使物理观测有意义，就必须有一个连接数（观测结果）和算符（数学形式）的方法。幸运的是，数学被证明胜任这个挑战。核心思想是**本征矢量**和**本征值**（见数学附录**8**）。

有时候，一个算符作用在一个矢量上并不改变那个矢量的方向。例如，绕着垂直轴的旋转，完全不改变垂直方向的矢量。又如，沿垂直方向的拉伸操作，仅改变垂直矢量的长度，不改变它的方向。如果拉伸产生加倍效果，垂直矢量的长度将乘以2。用更一般的说法，我们说，如果算符O将一个特定的矢量v变成它自身的λ倍，那么v就是算符O的本征矢量，λ就是算符O的本征值。基本思想就是本征值（λ）提供了一个连接数与特定算符（O）和特定态（v）的数学方法。量子理论的一般原理包含一个大胆的要求，即本征矢量（也叫本征态）在物理上对应于某个态，而在该态上测量观测量O将**必然**产生结果λ。

这条规则能产生很多有意义的结果。其中一个就是它的逆命题：由于有大量的矢量不是本征矢量，因此将会有许多态，在其中测量O必然不会产生特定结果。（数学旁白：很容易看出，叠加两个属于O不同本征值的本征态，结果将不再是O的简单本征态。）因此，在后面这类状态中测量O，在不同的测量情况下一定会给出多种不同的答案。（这再次证明了我们所熟悉的量子理论的概率特征。）实际上，不论得到什么结果，随后产生的状态必须对应于本征态，也就是说，矢量必须立即转变为合适的O的本征矢量。这是波包塌缩的比较深奥的说法。

另一个重要结果涉及什么测量能够相互兼容，也就是说，可以同时测量。假定同时测量O_1和O_2是可能的，而且它们的结果分别是λ_1和λ_2。先按如下次序测量，即先将态矢量乘以λ_1，然后再乘以λ_2。然而，我们也可以颠倒测量顺序，即简单地将λ_1和λ_2的顺序交换一下再与态矢量相乘。既然两个λ是普通的数，它们这种次序颠倒就没什么关系。这意味着$O_2.O_1$和$O_1.O_2$作用在态矢量上有相同的效果，因此它们的次序无关紧要。换句话说，只有算符相互对易的观测量，同时测量才能相互兼容。反过来说，不相互对易的观测量不能同时进行测量。

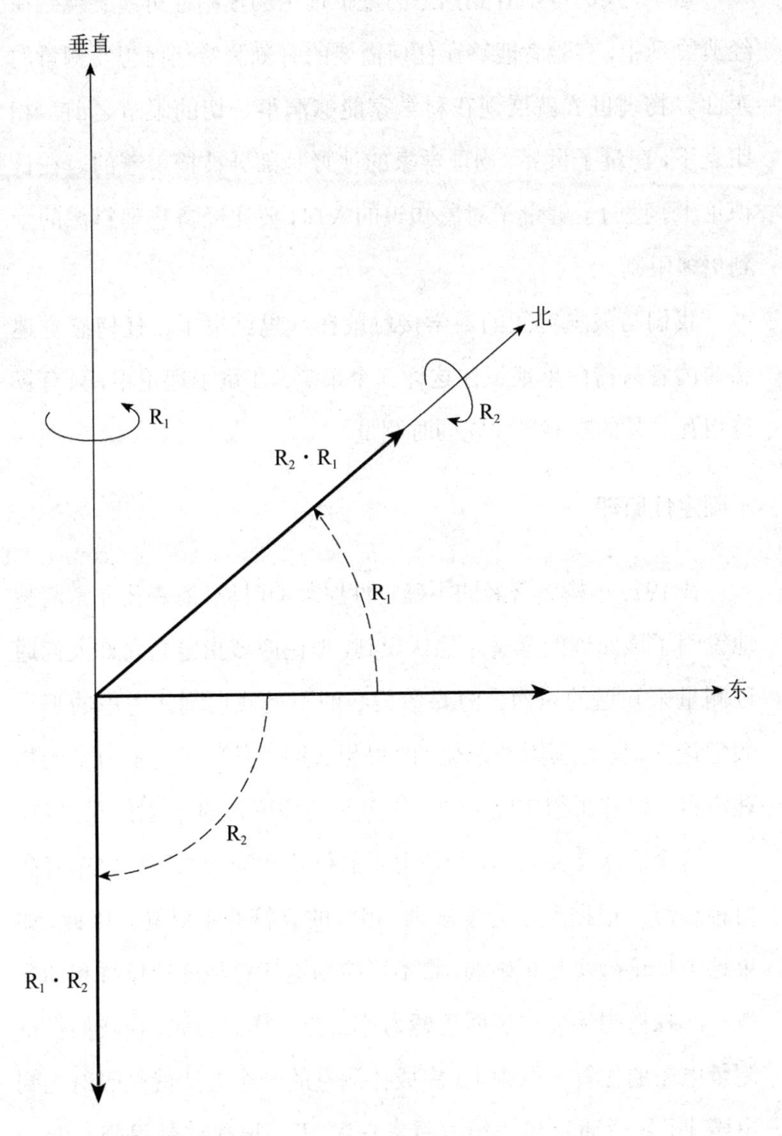

图5　非对易旋转

这里，我们可以看到熟悉的量子理论的模糊性再次展现。在经典物理中，实验者能够在任何需要的时刻测量任何想要测量的东西。物理世界就展现在科学家能够洞察一切的眼睛之前。相比之下，在量子世界，物理学家的视野是部分被掩盖着的。在认识论上，我们了解量子对象知识的入口，要比经典物理料想的受到更多限制。

我们与矢量空间的数学接触就在这里结束了。任何感觉迷惑的读者只需简单地记住这样一个事实：在量子理论中，只有算符相互对易的观测量才能同时测量。

不确定性原理

在1927年构造著名的不确定性原理的时候，海森堡非常清楚地说明了该原理的意义。他认识到，理论应该指定它允许人们通过测量来知道的东西。海森堡关心的不是我们刚才考虑的那类数学论点，而是利用理想化的"思想实验"去探索量子力学的物理内容。这些思想实验中的一个就是考虑所谓的 γ 射线显微镜。

这个想法是要找出，测量电子的位置和动量原则可以精确到何种程度。根据量子力学规则，相应的算符并不对易。因此，如果这个理论确实是正确的，将不可能知道任意精度的位置和动量值。海森堡想从物理层面理解为什么会这样。首先，让我们尝试测量电子的位置。原则上，完成该测量的一个方法就是照射光到电子上，然后通过显微镜去看它在哪里。（记住这是**思想**实验。）而光学仪器有一个极限分辨能力，这给精确定位目标施加了限制。任何人做定位的精度都不可能比得上所用光的波长。当然，可以通过使用更短波长的光来提高精度——这儿就引入 γ 射线了，它是非常高频（波长短）的辐射。然而，这个策略付出了一个代价，该代价源自辐射的粒子性质。为了使电子能够被看到，它必须偏转至少一个光子进入显微镜。普朗克公式表明，频率越高，光子携带的能量就越大。结果，减小波长将使电子在与光子碰撞时，其运动遭受越来越多无法控制的扰动。这就意味着，在位置测量之后，就越来越不知道电子的动量是多少。在增加位置测量精度和降低对动量了解的精度之间，不可避免地存在一个权衡。这就是不确定性原理的基础：不可能同时完美地了解位置和动量（见数学附录**9**）。用更生动的语言来说就是，能知道电子在哪，就无法知道它在做什么；或者，能知道它在做什么，就不知道它在哪。在量子世界，经典物理学家认为是一知半解的东西就是我们能够做到的最好的东西。

一知半解是量子的特性。成对出现的观测量在认识论上是相互排斥的。日常生活中，就有这种行为的例子。比如在音乐方面，不可能既指定发出一个音符的精确时刻，又同时精确知道它的音调。这是因为确定音符的音调需要分析声音的频率，这就要求先听一段音符，只有让音符持续几个振荡之后才能做出精确估计。正是声音的波动性质施加了这种限制。如果从波动力学的视角讨论量子理论的测量问题，完全类似的思考会引导人们回到不确定性原理上。

在海森堡的发现背后有一个有趣的故事。那时，他在哥本哈根学院工作，领导是尼尔斯·玻尔。玻尔爱好长时间的讨论，年轻的海森堡就是一个他喜爱的交谈对象。实际上，过不了多长时间，玻尔无尽的沉思就使他的年轻同事心烦意乱了。因此，海森堡非常高兴能抓住一个玻尔不在的机会，利用玻尔的滑雪假期来开展自己的工作，完成了他关于不确定性原理的论文。随后，在伟大的老人回来之前，海森堡就匆忙把论文拿去发表了。然而，玻尔回来后发现海森堡犯了一个错误。幸运的是，这个错误是可以改正的，而且这样做并不影响最终结果。这个小小的失误涉及对光学仪器分辨能力的错误理解。事有凑巧，海森堡以前在该问题上就犯过错误。他在慕尼黑完成了他的博士研究工作，指导老师是旧量子理论的领军人物阿诺尔德·佐默费尔德。作为杰出的理论家，海森堡并没有在实验工作上花多少心思，但是这些实验工作也应该是他研究的一部分。佐默费尔德做实验的同事威廉·维恩已经注意到海森堡这个情况了。他对年轻人漫不经心的态度感到愤怒，并且决定在口试中让他吃点苦头。他要求海森堡导出光学仪器的分辨能力，准确地难倒了海森堡！在考试结束后，维恩宣布由于这个小疏忽，海森堡没有通过考试。当然（并且公正地），佐默费尔德在最高的层次上为他争取通过。最后，只能折中解决，这位未来诺贝尔奖获得者虽被授予博士学位，却是以最低水平获得的。

概率振幅

在量子理论中计算概率的方法是根据叫作概率振幅的东西

进行的。在这里完整讨论它是不合适的，因为它对数学要求太高，但是读者应该知道其中所涉及的两个方面。首先，这些振幅是复数，也就是说它们不仅包括普通的数，还包括i，即-1的“虚”平方根。实际上，复数是量子理论体系特有的。这是因为它们提供了非常易于表示波的一个方面的方法，可以查阅第一章中讨论干涉现象的内容。我们看到，波的相位与两列波是相互同步还是相互异步（或者任何在这两者之间的可能性）有关。从数学上讲，复数为表述这些“相位关系”提供了一个自然而方便的方法。然而，理论上必须小心，要确保观测值（本征值）与任何包含i的项无关。这可以通过要求对应于观测量的算符满足一定条件来实现，数学家把该条件叫作“厄米”（见数学附录**8**）。

我们至少需要了解的关于概率振幅的第二个方面是，作为我们正在讨论的理论的数学工具的一部分，人们发现它们的计算涉及态矢量和观测量算符的组合。因为正是这些“矩阵元”（对这种组合的称呼）带有最直接的物理意义，并且它们原来是由人们所说的态—观测量—态的“三明治”构成，所以物理的时间依赖既可以归因于态矢量的时间依赖，也可以归因于观测量的时间依赖。这个探讨后来提供了一个线索，它表明尽管海森堡和薛定谔理论表现明显不同，它们的确完全对应于同一个物理（见数学附录**10**）。它们表面上的不同是因为，海森堡将所有时间依赖完全归因于算符上，而薛定谔则将所有时间依赖完全归因于态矢量上。

为了有意义，概率自身必须是正数。它们是根据概率振幅来计算得到的，所用的方法是一种平方运算（叫作“模平方”），对于复振幅来说，该运算结果总是正数。另外，还存在一个标度条件（叫作“归一化”），它确保当所有概率加在一起时，结果是1（确定无疑会发生！）。

互补性

随着这些精彩的发现慢慢显露在世人面前，哥本哈根一直是对正在发生的事情的评估和裁定中心。此时，尼尔斯·玻尔不再对技术发展亲自做出具体的贡献。然而，他仍对解释性问题深感兴趣。而且，由于他的正直和洞察力，正在撰写开拓性论文的少壮派都愿将他们的发现交给他评审。哥本哈根是哲人王的法院，量子力学新思想的智慧成果都交给它加以评审。

除了身为长者这个角色，玻尔还确实给新量子理论提出了富有洞察力的见解，体现形式就是他的互补性概念。量子理论提供了大量成对可选的思维模式。比如，过程存在两个可选的表象，它既可以建立在测量全部位置的基础上，也可以建立在测量全部动量的基础上；又如，以波动方式与以粒子方式来思考量子对象的二元性。玻尔强调，这些成对可选的思想方式应该被认为是严格等效的，并且在处理时没有任何矛盾，因为每一个都与另一个互补，而非互相矛盾。这又是因为，它们对应于不同且相互不兼容的实验安排，二者不能同时使用。或者设置一个波动实验（双缝），在此情况下询问的是一个波动性问题，会收到一个波动性答案（干涉图样）；或者设置一个粒子实验（探测电子通过哪道狭缝），在此情况下一个粒子性问题就会收到一个粒子性答案（双缝对面的两个受冲击区域）。

互补性显然是一个有益的想法，尽管它无法解决所有解释性问题，就如下一章中显示的那样。随着玻尔渐渐变老，他对哲学问题的关心与日俱增。毫无疑问，他是一位伟大的物理学家，但是在我看来，他对这个后来的哲学副业明显缺少天分。他的思想广泛而模糊，随后有许多书在尝试分析它们，获得的结论就是玻尔持有各种互不相容的哲学立场。也许他对此并不吃惊，因为他喜欢说，在能够说清楚某物和存在深奥且值得说的某事之间存在互补性。当然，互补性与量子理论的关联（这里问题源自经验，并且我们拥有完整的理论框架使它清楚易懂），并没有使这个概念能轻易应用到其他学科。似乎量子理论互补性可以用来证明，任何迎合人们喜好的相互矛盾的两者都是正确的。当玻尔提出互补性可以揭示古老的与人性相关的决定论和自由意志问题时，人们可能认为他已经极其危险地接近上述状态了。我们将把进一步的哲学反思放在最后一章。

量子逻辑

人们很有理由期望，量子理论能显著地改变我们对位置和动量等物理术语的概念。更令人惊讶的是，它还影响了我们如何思考那些小的逻辑词语——“与”和“或”。

经典逻辑就如亚里士多德和一般的英国人构想的那样，是建立在逻辑分配律基础之上的。如果我告诉你，比尔是红头发，并且他不是在家就是在酒馆，那么你会预期，要么找到一个在家的红头发比尔，要么找到一个在酒馆的红头发比尔。这似乎是一个相当无关紧要的结论，它在形式上依赖于亚里士多德的排中律："在家"和"不在家"之间，没有任何中间项。20世纪30年代，人们开始认识到，在量子世界中事情变得不一样了。一个电子不仅可以"在这儿"和"不在这儿"，还可以在任意多数量的其他态上，这些态是"这儿"和"不在这儿"的叠加。这就形成了一个中间项，它是亚里士多德做梦也想不到的。结果，就存在一种特别的逻辑形式，叫作量子逻辑，它的细节部分由加勒特·伯克霍夫和约翰·冯·诺伊曼给出。有时它也叫作三值逻辑，因为除了"真"和"假"之外，它还支持或然的答案"可能"——该想法哲学家们早已漫不经心地独自思考过。

第三章

日益加深的困惑

当代量子理论被发现时，占据舞台中心的物理问题是关于原子行为和辐射行为的。这段最初发现的时期之后，跟随而来的是20世纪20年代末和30年代初这段持久狂热的探索期。在这段时间内，新思想被广泛应用到其他物理现象中。例如，稍后我们就会看到，量子理论对晶体固体中的电子行为，给出了具有重大意义的新理解。我曾经听保罗·狄拉克谈过这段快速发展时期，他说这段时期是"二流研究者在做一流工作"。几乎在其他任何人的口中，这些词都是不太礼貌的奚落。但是，对于狄拉克来说，并不是这样。在他的全部生活中，他都是单纯地就事论事，直接说他想说的，不加任何修饰。他的话仅仅是打算向人们传递一些东西，传递从那些最初的基本见解中流淌出来的丰富认识。

量子理论的成功应用一直在持续，势头不减。现在，我们能用量子理论同样有效地去讨论夸克和胶子行为。想到这些核物质的成分最多只有20世纪20年代先驱者们关心的原子的亿分之一大小，这真是一个令人惊叹的成就。物理学家知道如何去做计算，而且他们发现答案不断以惊人的精度涌现出来。例如，量子电动力学（电子和光子的相互作用理论）产生的结果与实验非常接近，达到的精度比一根头发丝的宽度相对于洛杉矶和纽约之间的距离这样的误差还要小！

就这些方面而言，量子理论是一个巨大的成功，可能是物理科学史上最伟大的成功故事。但是，仍然存在一个深刻的矛盾。物理学家有能力去做计算，但是他们仍然不理解理论。严峻的解释性问题仍然没有解决，因此也是持续争论的对象。这些引起争论的问题特别关系到两个困惑：该理论的概率特征的意义，以及测量过程的实质。

概　率

经典物理中也有概率，它们的起因在于人们对正在进行之事的某些细节不得而知。一个范例就是扔硬币。没人会怀疑，牛顿力学决定着硬币在旋转过后如何落地——没有命运女神福尔图娜直接干预的问题；但是，硬币运动对其被扔方式的精确微小的细节（我们察觉不到）非常敏感，我们无法准确预测硬币落下的结果是什么。然而，我们确实知道，如果硬币是公正的，概率应该均等，即正面是1/2，背面也是1/2。类似地，对于一个真正的骰子，任何一个特定数字所在的面，朝上的概率都是1/6。如果有人问，扔出1或者2的概率是多少，可以简单地将独立的概率加起来，结果就是1/3。这个加法定律能够成立，是因为扔出1的过程和扔出2的过程是有区别的，并且是相互独立的。既然它们间没有相互影响，我们就可以将结果的概率加起来。这似乎相当直截了当。然而，在量子世界就不一样了。

首先考虑电子和双缝量子实验的经典等效实验是什么。一个普通的类比是往有两个洞的篱笆墙上扔网球。球有一定的概率穿过其中一个洞，还有一定的概率穿过另一个洞。如果我们关心的是球落在篱笆墙另一边的机会，由于球必须通过其中一个洞或者另一个洞，我们仅需将这两者的概率加在一起（就像我们计算骰子数字1或数字2两面朝上的概率一样）。对量子来说，情况就变得不同了，因为叠加原理允许电子同时通过两缝。经典物理中相互有别的概率在量子力学中则相互纠缠在一起。

结果，在量子理论中，概率相加定律就变了。如果有人必须对大量未观测到的中间概率求和，那必须是将**概率振幅**而不是概率本身加在一起。在双缝实验中，我们必须将通过狭缝A的概率振幅加到通过狭缝B的概率振幅上。回想一下，概率是概率振幅通过一种平方运算计算得来的。先相加后平方的结果，就产生了数学家所称的“交叉项”。可以通过考虑如下简单的数学方程来体验一下这个思想：

$$(2+3)^2 = 2^2 + 3^2 + 12$$

这个“额外”的12就是交叉项。

或许，这看起来有点神秘。基本的概念是这样的：在日常生活中，为了得到最终结果的概率，仅需将独立的中间概率加在一起。在量子世界中，加和这些非直接观测的中间概率，需要更加微妙复杂的方法。这就是量子计算涉及交叉项的原因。既然概率振幅实际上是复数，这些交叉项就包括了相位效应，因此既可以是相长干涉，也可以是相消干涉——这正是双缝实验中所发生的。

简言之，经典概率对应于不得而知，它们可以通过简单相加进行结合。而量子概率的结合，显然是以一种更加难以捉摸和难以描画的方式进行的。这就提出了问题：是否可以将量子概率理解为也来源于物理学家对正在发生之事的所有细节不得而知？进而，潜在的基本概率（对应于难以企及但是对事实真相完全详尽的了解），是否仍然可以像经典概率一样相加？

在此疑问的背后，部分物理学家存在一个深深的渴望：恢复物理的决定论，即使它是蒙着面纱的决定论。例如，考虑放射性原子核（不稳定且易于破碎）的衰变。量子理论可以预言的仅仅是衰变发生的概率。比如，可以说一个特定的原子核有1/2的概率将在下个小时内衰变，但不能预言该特定原子核在那个小时内是否确实会发生衰变。然而，也许那个原子核有一个内部小时钟，精确地指定它在何时衰变，但是我们无法读到。如果确实是这样，并且其他同类型的原子都有自己的内部小时钟——小时钟的不同设置会导致它们在不同的时间衰变，那么我们称为概率的东西就只是产生于我们对物理知识的不得而知，即我们无法了解那些隐藏的内部小时钟是如何设置的。衰变对于我们来说似乎是随机的，实际上它们完全是由这些未知的细节决定的。最终事实就是，量子概率与经典概率没有差别。这类理论被称为量子力学的**隐变量**解释。事实上它们是一种可能性吗？

著名的数学家约翰·冯·诺伊曼相信他已经表明，量子概率不同寻常的性质暗示它们绝不能被解释为对隐变量不得而知的后果。

实际上，在他的论断中有一个错误，该错误几年后才被发现。后面我们会看到，量子理论的决定性解释是可能的，其中概率产生于对细节的不得而知。然而，我们还会看到，按照这个方式获得成功的理论还有其他性质，这些性质对大多数物理学家似乎都没有吸引力。

退相干

我们在本章中考虑的问题，有一个方面可以被描述为如下提问：物理世界的量子成分，比如行为模糊且不连续的夸克、胶子和电子，如何能够形成日常经验中清晰又可靠的宏观世界？通过过去25年的进展，人们对这个转变的认识向前迈出了重要的一步。物理学家们已经认识到，在许多情况下比之前更严肃地考虑量子过程实际发生的环境是非常重要的。

传统想法认为，除了那些量子对象，环境就是空的，量子对象之间的相互作用是明确考虑的主题。事实上，这种理想化的处理方式并不总能实现，而且在它不能实现的地方，这个事实会带来重要结果。几乎无处不在的辐射就曾经被忽略。实验发生在光子海洋的严密包裹中，其中的一些来自太阳，一些来自普遍的宇宙背景辐射。宇宙背景辐射是宇宙诞生大约50万年后留下的萦绕回声。那时，宇宙刚刚变得足够冷，使物质和辐射能从它们先前的普遍混合中相互分离出来。

事实证明，考虑这个几乎无处不在的背景辐射，后果就是影响相关概率振幅的相位。在某些特定的情况下，考虑这个所谓的“相位随机化”会有以下效应：在量子概率的计算过程中，交叉项几乎全部被淘汰。(粗略地说，就是正量和负量大约一样多，取它们的平均值，结果接近于零。)这一切都能以相当惊人的速度发生。该现象被称为“退相干”。

退相干受到一些人称赞，认为它提供了一个线索让人去理解微观量子现象和宏观经典现象之间如何相互联系。不幸的是，他们只对了一半。退相干能使一些量子概率看起来更像经典概率，但是不能使它们完全一样。核心困惑仍然存在，被称为“测量问题”。

测量问题

在经典物理中，测量是不成问题的，因为它只是对真实情况的观测。例如抛硬币问题，事先我们可能只能认定硬币正面朝上的概率是1/2，如果我们正好看到正面朝上，原因仅仅在于它就是已经发生的事实。

在传统量子理论中，测量是不同的，因为叠加原理将二选一的、结果相互排斥的概率结合在一起。直到最后一刻，它们中的一个突然单独浮出水面，成为此刻实现的事实。我们已经知道，思考这个问题的一个方法就是将其描述为波包塌缩。电子的概率本来分散在“这儿”“那儿”，以及“任何地方”，但是当物理学家对它提出实验性问题“你在哪儿？”时，就在这个特定的时刻，答案“在这儿”出现了，然后所有其他地方的概率都塌缩到这唯一的事实上。到目前为止，我们的讨论中还有一个大问题没有得到解答：波包塌缩究竟是如何发生的？

测量是一连串关联的结果。通过测量，微观量子世界的事物状态能够产生在日常世界中的实验室测量仪器上观测得到的对应信号。我们可以通过测量电子**自旋**的实验来说明这一点。这是一个略显理想化但不会引起误导的实验。自旋的性质在电子身上表现为它们好像是小磁体一样。由于一种无法形象化的量子效应——我们只能请读者相信它，电子的小磁体仅能指向两个相反的方向，通常我们称之为“向上”和“向下”。

实验通过一束最初未被极化的电子束来实施，也就是说，电子处在“向上”和“向下”机会均等的叠加状态上。让这些电子穿过一个非均匀磁场。因为自旋的磁效应，它们将会根据自旋取向发生向上或向下的偏转。然后，它们将通过两个恰当放置的探测器D_u和D_d（可以是盖革计数器）中的一个。接着，实验者就会听到这一个或那一个探测器的咔嗒声，它们分别记录了自旋取向向上和取向向下的电子。该实验叫作斯特恩-革拉赫实验，是以首次进行这类研究的两位德国物理学家的名字命名的。（事实上，实验是用原子束进行的，不过控制着所发生情形的是原子中的电子。）我们应该如何分析所发生的情形呢？

如果自旋向上，电子将向上偏转，接着通过D_u探测器，D_u发声，实验者就可以听到D_u的咔嗒声。如果自旋向下，电子将向下偏转，接着通过D_d，D_d发声，实验者就能听到D_d的咔嗒声。在此分析中，我们能够看到所发生的情形。它呈现给我们的是一连串关联结果：如果……接着……接着……。但是在真实的测量场合，这些环节仅有一个会发生。是什么使这个特定事件发生在这个特定场合呢？是什么决定这次的答案是“向上”而不是“向下”呢？

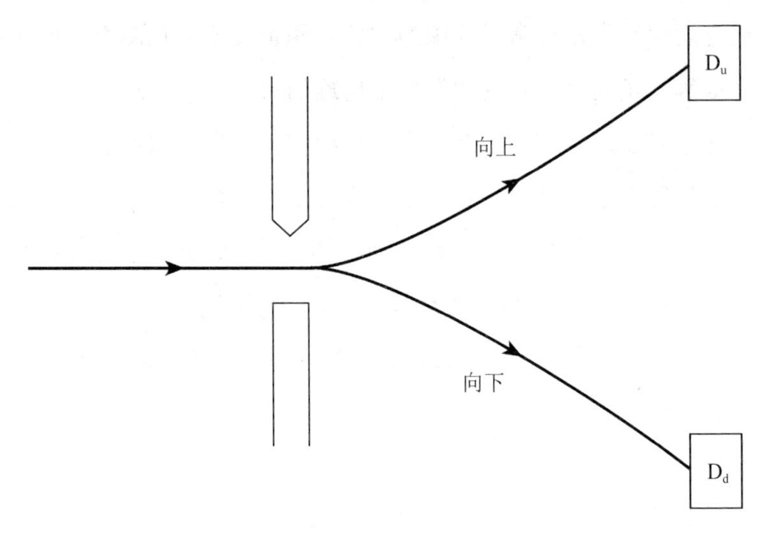

图6　斯特恩–革拉赫实验

退相干不能为我们回答这个问题。它所做的就是使分离的环节联系更紧密，使它们更像经典情形，但是它并没有解释，为什么某个特定环节会在某个特定情况下实现。测量问题的本质是寻求对这种特异性之起源的理解。我们将纵观已经提出的各种回应，但是我们会看到，它们中没有一个完全令人满意或者不留困惑。这些提议可以按照以下标题进行分类。

（1）不相关

一些解释者试图巧妙地解决这个问题，他们的提议是不相关。赞成这个立场的一个观点是实证主义者的断言：科学就是关联现象，不应该渴望去理解它们。如果我们知道如何去做量子计算，并且所获答案与经验的关联高度令人满意（事实也确实如此），那就应该是我们想要的全部。在智力上，贪婪地要求更多是不合适的。实证主义的一个更完善的形式体现为所谓的“一致性历史”方法。该方法为获得量子预测结果制定了对策，这些结果很容易被解释为从使用经典测量仪器而来。

另一种也属于不相关类别的观点是说，量子物理根本不应该试图去谈论独立事件，而应该适当地去关注“整体”，也就是事件集合的统计性质。如果确实是这样，纯粹的概率解释就是人们可以合理期望的全部。

在此大类中的第三类观点声称，波函数与物理系统的状态根本无关，而是与人类对这些系统的认识有关。如果有人仅从认识论方面思考，那么“塌缩”就是毫无问题的现象：之前，我不知道；现在，我知道了。然而，被声称全部存在于思想中的事物，其表现实际上却应该满足一个物理方面的方程，如薛定谔方程，这一点似乎很奇怪。

所有这些观点都有一个共同特征。它们对物理学的任务都采取了极简化的看法。具体而言，它们假定物理学不关心如何理解具体物理过程的细节特征。这个观点，可能与某一类哲学倾向意气相投，但是与科学家的思想完全不相容。科学家的雄心壮志就是去获得对物理世界发生之事可达到的最大程度的理解。如果退而求其次，就是对科学的背叛。

（2）大系统

当然，量子力学的创建者们很清楚测量对这个理论提出的问题。特别是尼尔斯·玻尔非常关心这个问题。他提出的答案后来被称为**哥本哈根解释**。其核心思想是经典测量仪器发挥着独特作用。玻尔认为，正是这些大型测量设备的介入产生了确定性效应。

经典力学在描述日常生活中发生的物理过程方面取得了相当大的成功。因此，甚至在测量问题还没有出现之前，就需要有某种方法去看人们如何从量子理论中再现这些巨大成功。以失去对宏观世界的理解为代价来描述微观世界是毫无用处的。这个要求叫作**对应原理**，大致就是，"大"系统（大的标准由普朗克常数设定）的行为方式应该极其接近牛顿方程所描述的。后来，人们开始认识到，量子力学和经典力学间的关系，比这一简单的描述所表达的要微妙得多。后面我们会看到有一些宏观现象确实从本质上展现了特定的量子性质，甚至包括可能的技术开发，就像在量子计算中那样。然而，这些是在比较特殊的环境中才能出现的，对应原理的大致趋势也处在正确的方向上。

玻尔强调，测量同时涉及量子对象和经典测量仪器，并坚持认为应该将两者的相互介入考虑成一个单一的整体事件（他称为一个"现象"）。在连接一端到另一端关联结果的链条上，只要始终保持链条的两端不分离地连接在一起，一个特定结果的特定性究竟在什么地方出现，就成为可以避免的问题。

乍看之下，这个提议有一些吸引人的地方。走进一个物理实验室，你会发现实验室中到处都是玻尔所说的各种仪器。然而，这个提议仍然有些地方值得怀疑。它的解释是基于二元性的，似乎物理世界的成员由两类不同的存在组成：不确定的量子对象和确定的经典测量仪器。然而实际上，仅有一个唯一的一元物理世界。那些经典仪器的部件，自身就是由量子成分构成的（根本上说，就是夸克、胶子和电子）。关于确定的仪器如何从不确定的量子基础上出现这个问题，原先的哥本哈根解释无法成功解答。

尽管如此，玻尔和他的朋友可能还是在正确的方向向人们招手，虽然还不够有力。我认为，今天大多数从事量子研究的物理学家，会认同（或可称为）新哥本哈根解释。该观点认为，宏观仪器的巨大和复杂在某种程度上使其起着确定性作用。当然，这究竟是怎样发生的，我们还没有充分了解，但是我们至少可以将它与大系统的另一个性质（同样没有完全了解）关联起来。这就是它们的**不可逆性**。

除了一个对目前的讨论没有真正意义的例外，物理的基本定律都是可逆的。为弄清这究竟是什么意思，我们与海森堡反其道而行，假设能够制作一段表现两个电子相互作用的电影。电影向前播放或向后播放，意义是等同的。换句话说，在微观世界，时间没有内在方向来区分将来和过去。在宏观世界，事情显然是不一样的。各种系统运行会变慢，日常生活也无法逆转。在弹跳球影片中，若球弹得越来越高，影片就是在倒着播放。这些效应与热力学第二定律有关，该定律称：在一个孤立系统中，熵（无序的度量）永远不减少。发生这一现象是因为，趋向无序的途径比趋向有序的途径要多得多，于是混乱能轻而易举取得胜利。想一想你的桌子会是什么情况，如果不经常整理的话。

这样一来，测量就是不可逆地登记微观世界事物状态的宏观信号。因此，它包含了时间的内在方向：之前没有结果，后来有了结果。因此，如下假设是有一定道理的，即对复杂大系统的充分理解（完全解释了它们的不可逆性），或许也可为理解它们在量子测量中所起的本质作用提供有价值的线索。然而，就当前掌握的知识情况，这仍然是一个虔诚的愿望，而不是一项切实的成就。

（3）新物理学

有些人已经考虑到，相对于简单地进一步推进已经为科学界所熟悉的原理，解决测量问题将需要更为彻底的思考。吉拉尔迪、里默和韦伯沿着这些创新路线，给出了一个特别有趣的建议（已经被称为GRW理论[①]）。他们提出，随机的波函数塌缩是空间中一个普适的性质，只不过塌缩发生的速率依赖于系统包含的物质的量。对于量子对象自身，这个塌缩速率太小，并不会有任何明显的效应，但是对于宏观量的物质（例如，在一个经典测量仪器中），它就变得非常快，实际上就是一瞬间。

原则上，该建议能够通过精细实验来进行研究，这些实验的目的是探寻这种塌缩倾向的其他表现。然而，在缺乏此类经验证实的情况下，大多数物理学家认为GRW理论由于太**特别**而不具有说服力。

① G、R、W分别为三人姓的首字母。——编者

（4）意识

在对斯特恩-革拉赫实验的分析中，我们看到关联链条的最后一个环节，是由人类观测者来听取计数器发出的咔嗒声。我们对其结果有确切认识的每一个量子测量，都把人们对结果有意识的认识作为它的最后一步。意识是人类对物质和精神交界处的体验，这种体验尚未理解又不可否认（除了某些哲学家）。毒品或脑损伤的后果就清楚地表明物质可以作用在精神上。为什么我们不能期望一个与之相反的能力，即精神作用在物质上呢？这样的事似乎可以发生，比如当我们执行抬起胳膊的意志时。那么，可能正是有意识的观测者的介入决定了测量的结果。乍一看，该提议有些吸引力，并且有许多非常杰出的物理学家支持这个观点。尽管如此，它也面临一些非常严峻的困难。

在大多数时间和大多数地方，宇宙没有意识。我们是否应该假设，在遍及这些宇宙空间和时间的广袤地带，任何量子过程都不会导致确定的结果？假设某人要建立一个计算机实验，结果都打印在一张纸上自动保存起来，并且直到六个月后才有观测者进行查看。是不是只有在观测者查看后，纸上才能出现明确的打印结果？

这些结论并不是完全不可能，但是许多科学家认为它们完全没有合理之处。如果我们考虑薛定谔的猫的悲惨故事，问题就会进一步加剧。那只不幸的动物被关在一个盒子里，盒子中还有一个放射性源，它在下一个小时内有一半对一半的概率衰变。如果衰变发生，发出的辐射将会触发毒气的释放，猫就会被立即杀死。将传统量子理论原理应用到这个盒子及盒中之物上，得出的暗示是，在一个小时后，且在一个有意识的观测者掀起盒盖前，猫将处于“活”和“死”概率均等的叠加态上。只有当盒子被打开后，才会有概率塌缩，结果是要么发现一具确定的冰冷的尸体，要么发现一只确定的活蹦乱跳的猫。但是，这只猫自己是不是确实知道它是死的还是活的，而不需要人类介入来帮助它得出结论？或许我们应该因此得出结论：猫的意识在确定量子结果方面和人类的意识一样有效。那么，我们在哪里止步？虫子也能塌缩波函数吗？确切来说，它们可能没有意识，但是人们倾向于假设，通过一种方式或是另一种，它们具有明确的非活即死的性质。这类困难已经阻碍了大多数物理学家去相信，假定意识有独特作用是解决测量问题的方法。

(5)多世界

一个更加大胆的建议是完全拒绝塌缩思想。它的拥护者断言，量子形式体系应该被更加严肃认真地对待，而不是从外部给它强加一个有特定目的的假设，即波函数存在不连续变化。相反，人们应该承认，每一件能发生的事情都**确实**发生了。

那么，为什么实验者会有相反的印象，即发现电子这时是在“这儿”，而不是在其他地方？给出的答案是，这是本宇宙中观测者的狭隘看法，而量子实在要比该宇宙中观测者所看到的图像大得多。不仅存在一个薛定谔的猫活着的世界，还有一个与之平行但分离的薛定谔的猫死了的世界。换句话说，在每一个测量行为中，物理实在都会分成多重独立宇宙，在每一个宇宙中，不同的（克隆的）实验者将观测到测量中可能出现的不同结果。物理实在是一个多宇宙，而不是简单的一个宇宙。

由于量子测量一直在发生，这个提议就是一个惊人的本体浪费。可怜的奥卡姆的威廉（他的逻辑“剃刀”正是为了剃掉不必要的多余假定）一旦想到对象如此快速增长，一定会死不瞑目。不妨用一种不同的方法来想象这个异乎寻常的巨大激增，将它的发生定位在观测者的思想或头脑内部，而不是外部的宇宙中。这一举动将多世界解释转变为多思想解释，但是这几乎没有减轻该建议的巨大浪费。

刚开始，仅有量子宇宙学家被吸引到这个思维方式上，他们试图将量子理论应用到宇宙自身。当我们仍然对微观和宏观如何联系在一起感到疑惑时，将这个理论延伸到宇宙方向上是一个大胆的举动，它的可行性不一定很明显。但是，如果如此延伸，多世界方法似乎是唯一可用的选择，因为当宇宙包含进来后，就没有空间留给科学去引入外部大系统效应或意识效应。近来，在其他物理学家当中，接受多世界方法的人似乎有一定程度的扩大倾向。但是，对于我们中的大多数人来说，它仍然只是一个形而上学的汽锤，可用来打破公认的坚硬的量子外壳。

（6）决定论

1954年，戴维·玻姆发表了一个量子理论，该报告完全是决定性的，但是它给出的实验预测与传统量子力学完全相同。在这个理论中，概率单纯地来自对特定细节的不得而知。这个卓越的发现促使约翰·贝尔重新审视了冯·诺伊曼的论点，因为冯·诺伊曼认为这是不可能的。此外，贝尔还展示了冯·诺伊曼错误结论所依据的有问题的设想。

玻姆实现这个了不起的成就是通过将波和粒子分离来完成的。按照哥本哈根思想，波和粒子是成对的，相互补充，不可分离。在玻姆理论中，存在经典粒子，和艾萨克·牛顿自己希望的经典粒子一样毫无疑问。当测量它们的位置和动量时，只不过是在观测明确的事实是什么。然而，除了粒子之外，还存在与之完全分离的波。波的表现形式在任何时刻都囊括了整个环境的信息。这个波并不能被直接识别，但是它会产生经验性结果，因为它会按照某种方式影响粒子的运动，并且能附加在常规的力效应之上。当然，力效应也能影响粒子的作用。正是这隐藏的波（有时也被叫作“导波”或者“量子势”之源）敏感地影响了粒子，并成功产生干涉效应图样和相关的概率特征。这些导波效应具有严格的确定性。尽管结果可以精确预测，但它们非常精细地依赖于粒子的真实位置，对位置的细节也相当敏感。正是这种对精细变化的敏感性，使量子物理过程产生了随机现象。因此，在玻姆理论中，粒子位置起着隐变量的作用。

为了更深入理解玻姆理论，研究一下它如何处理双缝实验很有启发意义。在玻姆理论中，电子有明确的粒子图像，所以其必须明确地穿过两道缝中的一道。我们在先前的讨论中说这是不可能的，那么，究竟哪里出了问题？隐波效应使我们能够避开先前的结论。不考虑隐波的独立存在和影响，下面的说法确实是正确的：如果电子穿过缝A，缝B就是不相关的并且不是打开就是关闭。但是玻姆的波囊括了整个环境的瞬时信息，因此在缝B打开和关闭的情况下，它的形式是不同的。这个差异对波引导粒子的方式产生了重要影响。如果缝B是关闭的，大多数粒子就会被引导到缝A对面的探测屏上；如果缝B是打开的，大多数粒子就被引导到探测屏的中点处。

有人可能认为，一个确定的、可描画的量子理论版本会对物理学家有极大的吸引力。事实上，很少有物理学家喜欢玻姆的思想。这个理论无疑构思巧妙，且有启发意义，但是很多人认为它聪明过头了。它带着矫揉造作的痕迹，因而没有太大吸引力。例如，隐波必须满足波动方程。这个方程是从哪里来的？坦率地说，它是凭空而来的，或者更准确地说，来自薛定谔的大脑。为了获得正确结果，玻姆波动方程必须是薛定谔方程，但这并不是从理论的内在逻辑得来，相反，它只是一个专门设计的策略，用来制造可被经验接受的答案。

另外，玻姆理论还存在一定的技术问题，因而看起来不能完全令人满意。其中一个最具挑战性的问题与概率的性质有关。必须承认，为简单起见，到目前为止我还没有准确地描述这些问题。准确的事实是，如果与粒子排列有关的**初始**概率与传统量子理论规定的一致，那么对随后的所有运动，两个理论将保持一致。不过，必须一开始就一致。换句话说，玻姆理论要在经验上成功就必须要求宇宙恰巧开始于初始建立起来的正确（量子）概率，否则，就要求有某种收敛过程能快速将它拉到正确的方向上。后者的可能性并非无法想象（物理学家把它叫作“弛豫”到量子概率），但是人们既没有证实它，也没有可靠估计它的时间跨度。

为了解决测量问题，人们已经提出诸多建议，但它们充其量仅有部分说服力。当我们细思令人疑惑的建议时，测量问题会继续引起我们的焦虑。已经提出的建议包括忽视（不相关）、已知的物理学（退相干）、期望的物理学（大系统）、未知的新物理学（GRW）、隐变量新物理学（玻姆）以及形而上学的猜测（意识、多世界）。这是个纠缠不清的故事，鉴于测量在物理思维中的核心作用，让物理学家去讲述这个故事确实令人尴尬。坦率地说，我们还没有像我们希望的那样深刻理解量子理论。我们能够进行计算，并能够在此意义上解释物理现象，但是并没有真正**明白**发生了什么。对于玻尔，量子力学是不确定的；对于玻姆，量子力学是确定的。对于玻尔，海森堡的不确定性原理是在本体论上就不确定的原理；对于玻姆，海森堡的不确定性原理是在认识论上不得而知的原理。在最后一章中，我们会回到其中一些形而上学和解释性问题上。当下，一个更值得思索的问题在等着我们。

存在优先状态吗？

在19世纪，威廉·卢云·哈密顿爵士等数学家对于牛顿动力学系统的性质提出了非常一般的理解。这些研究结果的一个特征，就是证实有许多等价的方法，使用这些方法均可建立理论论述。通常，为了方便物理思考，物理学家会优先明确物理过程的图像，就像发生在空间中一样，但这绝不是必须的。当狄拉克提出量子理论一般原理的时候，这种不同观点间的民主平等，就被新出现的量子动力学所保留。就基本理论来说，所有观测量和它们相应的本征态，都有同等的地位。物理学家将这个信念阐述为，不存在“优先基矢”（一组特殊的状态，对应于一组特殊的观测量，有独特的意义）。

由于和测量问题的缠斗，一些人的头脑中产生了如下问题：是否应该保留这个无优先性原则？在留待讨论的各种建议中，存在一个特征，即它们大多数似乎给特定态分配了特殊角色。特定态要么作为塌缩终态，要么作为提供塌缩透视错觉的状态：在以测量仪器为核心的（新）哥本哈根讨论中，空间位置似乎起了特殊作用，就像人们说到天平上的指针或感光板上的印记一样；类似地，在多世界解释中，这些相同的态就是划分平行宇宙的基础；在意识解释中，也许正是大脑状态对应于这些感知，它们是物质/精神分界的优先基矢；GRW理论假设塌缩到空间位置的状态上；玻姆理论赋予粒子位置一个特殊作用，其精准细节就是该理论的有效隐变量。我们也应该注意到，退相干是发生在空间的一个现象。如果这些在事实上表明前面的平等想法需要得到修正，那么量子力学会证明，它还会给物理学带来更深刻的革新性影响。

第四章

进一步发展

20世纪20年代中期，是基本量子理论被发现的忙乱时期，随后便是一个较长的探索和应用这个新理论内涵的发展时期。我们必须注意到这些进一步发展所带来的一些见解。

隧　穿

海森堡理论中的不确定关系，不仅适用于位置和动量，还适用于时间和能量。尽管大致来说，能量在量子理论中是守恒量——与它在经典理论中一样，但它只是在达到相关不确定性这一点之前才是这样的。换句话说，在量子理论中，“借”一点额外的能量是可能的，前提是能够快速及时地把它还回去。这个比较形象的说法通过详细的计算可以更准确、更有说服力，使某些情形能够在量子力学框架下发生，虽然从能量上来说它们在经典物理中是完全被禁止的。最早被认识到的这类过程的一个例子，是关于通过一个势垒的隧穿概率的。

图7展示了典型的隧穿情形。方形“小山”代表一个区域，进入它就要支付能量费用（称作势能），这个费用等于小山的高度。一个运动粒子随身携带它的运动能量，物理学家称之为动能。在

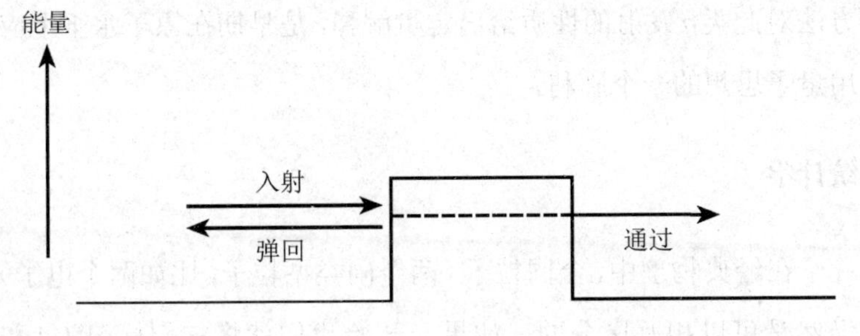

图7　隧穿

经典物理中，情况是清晰明了的。当一个粒子的动能大于势能时，它将能穿过小山，不过在横穿势垒时速度会适度降低（就像小汽车在爬山时会减慢速度一样）。但是在另一侧，因为动能全部恢复，粒子速度会再次加快。如果这个粒子的动能小于势垒，它就不能穿过“小山”，并且一定会直接反弹回来。

在量子力学中，情况就不同了，因为存在着借能量来对抗时间这一奇特的可能性。这就使得在经典物理中动能不足以越过小山的粒子，有时能够穿过势垒，只要它在到达另一边的时候，速度快到能在必要的时限内将能量还回去。这就好像是粒子隧穿过了小山。如果用精确的计算来代替这种形象化叙述方式，我们得出如下结论：动能比势垒高度略低的粒子，既有一定的概率穿过势垒，也有一定的概率被弹回。

有些放射性原子核，从其行为来看好像包含某种叫作α粒子的成分。这些α粒子被原子核力产生的势垒限制在原子核内。只要能穿过原子核力势垒，它们就会有足够的能量在另一边全部逃离。实际上，这类原子核确实呈现出α衰变现象；利用隧穿计算方法对此类α发射的性质给出定量解释，是早期在原子水平上应用量子思想的一个胜利。

统计学

在经典物理中，全同粒子（两个同类型粒子，比如两个电子）仍然是可以相互区分的。如果一开始我们就将它们标记为1和2，那么在我们跟踪它们各自的粒子轨迹时，这些区分标记将具有永久的意义。如果在经历一系列复杂的相互作用后电子最终又出现了，原则上，我们仍然能够说出哪个是1、哪个是2。相反，在模糊的难以描述的量子世界，情形就不再是这样了。因为没有连续的可观测轨迹，在相互作用后，我们只能说**一个**电子出现在这儿，**一个**电子出现在那儿。任何一开始被选用的标记都不能保留下来。在量子理论中，全同粒子也是不可区分的粒子。

既然标记没有内在意义，它们出现在波函数（ψ）中的具体顺序就一定是无关紧要的。对于全同粒子，态（1，2）必须在物理上与态（2，1）相同。这并不意味着波函数在交换粒子顺序时是严格不变的，因为最终可以看出，从ψ或$-\psi$得到的物理结果是相同的。这个小小的观点会引出一个大结论，其结果关系到所谓的“统计”，即全同粒子的集体行为。量子力学中，存在两种可能性（分别对应于波函数ψ在交换粒子顺序后两种可能的行为符号）：

玻色统计，在交换粒子顺序时ψ保持不变的情况下有效。这就是说，波函数在交换两个粒子时是对称的。有这种性质的粒子，叫作玻色子。

费米统计，在交换顺序时ψ改变符号的情况下有效。这就是说，在交换两个粒子时，波函数是反对称的。有这种性质的粒子，叫作费米子。

这两个选项给出的行为，都不同于在经典情形下可区分粒子的统计。事实证明，量子统计不仅对物质性质的基本理解，而且对新型器件的技术结构都会引发非常重要的结果。（据说，美国GDP的30%产生于以量子为基础的工业：半导体、激光器等。）

电子是费米子。这就意味着两个电子永远不可能被发现处于完全相同的态上。该事实来自以下主张：交换一对电子不会引起系统变化（因为两个态是一样的），但又会引起波函数的符号变化（因为是费米统计）。摆脱这个困境的唯一办法是得出以下结论：两个粒子处于相同态的波函数实际为零。（陈述该观点的另一个方法是指出，两个全同对象的反对称结合无法实现。）该结果被称作**不相容原理**，它为理解化学元素周期表中相关元素的循环性提供了基础。事实上，不相容原理是化学足够复杂并最终能够维持生命本身发展的基础。

不相容原理表现在化学上是这样的：在原子内部，电子仅能占据某些特定的能量状态；当然，不相容原理要求任何一个能量状态都不能由多个电子占据。原子稳定的最低能量状态，相当于填满能量最小的可用状态。这些状态可以是物理学家称作“简并”的状态，意思是几个不同的状态恰巧有相同的能量。一组简并态组成一个能级。我们可以在脑海中想象原子最低能量状态是这样形成的：将电子一个接一个地添加到连续的能级上，一直达到原子要求的电子数。一旦一个特定能级的所有状态都被填满，再加入的电子就必须填到下一个更高的原子能级上。如果这个能级也被填满，那么就继续填到下一个能级，以此类推。在一个含有许多电子的原子中，最低能级（它们也叫“壳层”）将是全满的，任何剩余的电子都将部分占据下一个壳层。这些“剩余”的电子距离原子核最远，并且由于这个原因，它们将决定该原子与其他原子的化学相互作用。当原子复杂性提高时（沿着元素周期表横向看），随着壳层一层层被填满，剩余电子数（0，1，2，……）就会循环变化。正是最外层电子数的重复模式，引起了元素周期表中元素化学性质的重复。

与电子相反，光子是玻色子。事实证明，玻色子行为恰恰与费米子行为相反。对于玻色子，没有不相容原理！玻色子喜欢待在相同的状态。它们与南欧人类似，乐意挤在同一节火车车厢中，而费米子则像北欧人，喜欢独自分散在整个列车上。玻色子的这个亲密现象，在最极端形式下，会引起在单个状态上一定程度的聚集，该现象叫作玻色凝聚。这个性质正是激光器等技术设备背后的原理。激光器发射激光的能力源自被称为“相干”的性质，也就是说，组成激光的许多光子都精确处在相同状态，这是玻色统计强烈支持的性质。还有一些与超导（在极低温下电阻消失的现象）相关的效应也依赖于玻色凝聚，其能引起量子性质的宏观可观测结果。（要求低温，是为了阻止热碰撞破坏相干性。）

电子和光子也是带有自旋的粒子。也就是说，它们带有内秉角动量（旋转效应的量度），几乎像是小陀螺一样。对于量子理论采用的自然单位（由普朗克常数定义），电子自旋是1/2，光子自旋是1。结果表明，这个事实证明了一个一般规则：自旋为整数（0，1，……）的粒子始终是玻色子；自旋为半奇数（1/2，3/2，……）的粒子始终是费米子。仅从普通量子力学观点来看，该**自旋统计定理**是原因不明的经验规则。然而，沃尔夫冈·泡利（他还提出了不相容原理）发现，当量子理论和狭义相对论结合时，自旋统计定理就是该结合的必然结果。将两个理论放在一起所产生的见解，要比其中任何一个独自所产生的见解更丰富。这就证明，整体大于部分之和。

能带结构

最容易想到的固体物质形式是晶体，组成晶体的原子以有规则的阵列图案有序排列。一个日常经验意义上的宏观晶体将包含如此多的原子，以至于从量子理论的微观角度来看可以认为它实际上是无限大。将量子力学原理应用到这类系统上，能揭示出新的物理性质，介于独立原子的性质和自由运动的粒子性质之间。我们已经看到，在原子中，可能的电子能量出自一系列离散的确切能级。另一方面，自由运动的电子可以具有任意大小的正能量，对应于它真实运动的动能。晶体中电子的能量取值，是这两个极端的一种妥协。可取的能量值处于一系列能带中。在带内，电子能量可以连续取值；在带间，则根本没有能级可供电子占据。归纳起来，晶体中电子的能量取值对应于一系列交替出现的允许和禁止的数值范围。

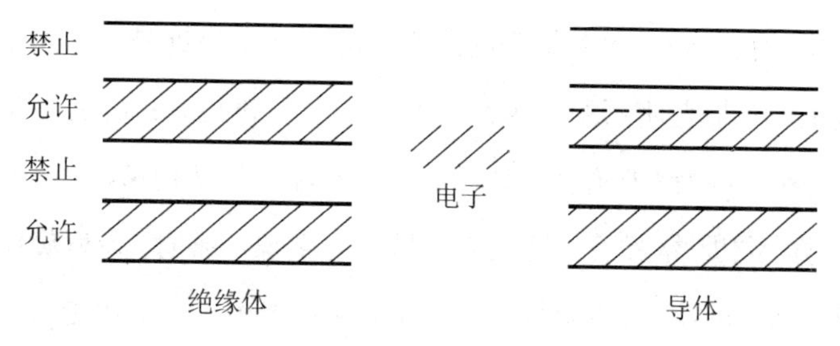

图8　能带结构

能带结构的存在，为理解晶体固体的电学性质提供了基础。诱发固体中电子的运动，就能产生电流。如果一个晶体的最高能带是完全填满的，电子状态的这种改变就会要求电子越过带隙激发到上面的带上。该跃迁对每个被激发的电子都要求输入大量的能量。由于这是很难实现的，能带完全填满的晶体将表现为绝缘体。诱发它的电子运动是非常困难的。然而，如果一个晶体的最高能带只是部分填充的，激发它的电子运动将会很简单，因为只需要输入一小部分能量就能把电子移动到一个能量稍高的可用态上。这样的晶体将表现为电导体。

延迟选择实验

约翰·阿奇博尔德·惠勒在被他称为“延迟选择实验”的讨论中，为叠加原理的奇怪含义提供了新的见解。图9给出了一种可能的结构。一束窄光束在A处分裂为两束子光束，它们分别被B和C处的镜子反射，进而在D处又汇合在一起。在D处，两条路径间的相位差（波已经不再同步）会形成干涉图样。可以考虑

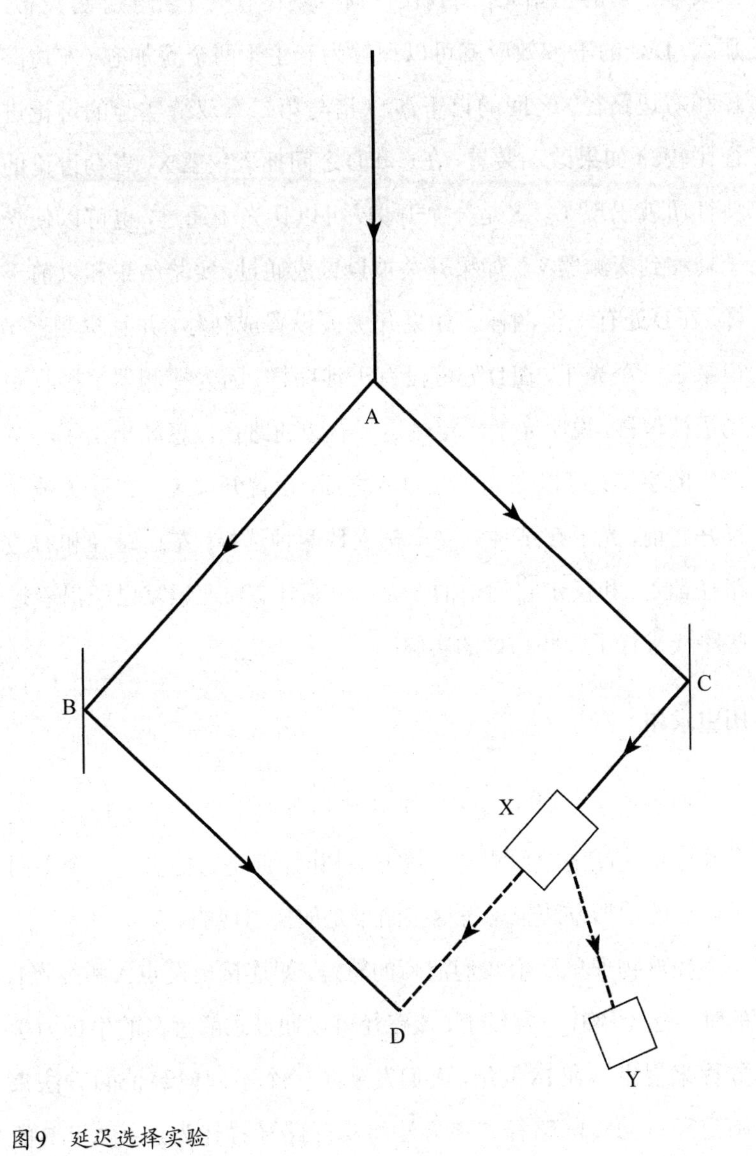

图9 延迟选择实验

一束非常弱的初始光，弱到在任何时刻仅有一个光子穿过设备。那么，D处的干涉效应就可以理解为产生于两个叠加态（左边路径和右边路径）之间的自干涉。（请与第二章双缝实验的讨论进行比较。）如果改动装置，在C和D之间插入仪器X，惠勒讨论的新性质就出现了。X是一个开关，可以让光子通过，也可以使光子转移到探测器Y。如果开关被设置成通过，实验结果和以前一样，在D处有干涉图样。如果开关被设置成转移，并且探测器Y记录了一个光子，在D处就没有干涉图样，因为探测器Y接收到光子被偏移，说明光子一定是走了右边的路径。惠勒指出了一个奇怪的事实：可以在光子飞过A**之后**，设置开关X。在开关被设置好之前，光子在某种意义上都支持两种选择：左边路径和右边路径都走，和仅走它们中的一个。实际上，物理学家已经沿着这些路线进行了一些巧妙的实验。

历史求和

理查德·费曼发现了一个独特的方法来重建量子理论。这个理论重建产生的预测与传统方法相同，但是它提供了一个不同于以往的图形方法来思考这些结果是如何出现的。

经典物理呈现给我们清晰的轨迹，即连接出发点A和终点B的唯一运动路径。传统上，该路径可以通过求解著名的牛顿力学方程来得出。在18世纪，人们发现了一个不同但等价的方法来确定经过的实际路径。该方法将实际路径描述为连接A和B的轨迹，在各种可能的路径中，该轨迹使某特定动力学量取最小值。

这个量被称为“作用量”，在这儿我们不关心它的精确定义。最小作用量原理（后来自然而然被这样称呼）与光线性质类似：它们取两点之间耗时最短的路径。（如果没有折射，路径就是直线，但是在折射介质中，最短时间原理将导致我们熟知的光线弯曲，就像棍子在一杯水中出现的弯曲一样。）

因为量子过程的模糊和难以描画，量子粒子并没有明确的轨迹。费曼建议，应该将量子粒子从A到B的运动，想象为**沿着所有可能的路径**，包括直的或弯的，快的或慢的。从这个观点出发，传统思想中的波函数就来自所有这些可能路径的贡献之和，这就引出了量子理论的“历史求和”描述。

如何构造这个巨大求和中的项？由于其细节技术性太强，此处不做探究。事实证明，一个给定路径的贡献与该路径的作用量有关，而作用量是以普朗克常数划分的。（作用量与普朗克常数h的物理单位相同，因此它们的比是一个纯数，与我们选择用来测量物理量的单位无关。）这些不同路径所呈现的实际形式是，由于相邻路径的贡献符号快速振荡（更准确地说，是相位快速振荡），它们的贡献趋于相互抵消。如果考虑的系统作用量相对于h非常大，那么只有最小作用量路径贡献较多（因为事实证明，在那条路径附近振荡是最小的，所以抵消效应也是最小的）。这个观点提供了一个简单的方法来理解为什么大系统表现出经典行为，遵循着最小作用量路径。

以精确而可计算的方式来阐述这些思想绝非易事。有人可能很快就想到，路径有多种可能，而其变化区间并不是一个简单集合，能够在其上求和。尽管如此，历史求和方法产生了两个重要结果。其一是，它让费曼发现了一个容易驾驭得多的计算技术，现在普遍称其为“费曼积分”，它是过去50年里提供给物理学家的最有用的量子计算方法。它产生一个物理图像，其中的相互作用源自能量和动量交换，这些能量和动量由所谓的“**虚粒子**”携带。使用形容词“虚”是因为，这些粒子不能在过程的初态和终态中出现，是中间“粒子”。它们不被强制拥有物理质量，但是需要对所有可能的质量值进行求和。

历史求和方法的另一个优点是，对于有些相当微妙和复杂的量子系统，与传统的方法相比，历史求和能提供更加清晰的方法来阐述问题。

再谈退相干

环境中辐射普遍存在，其效应能引起退相干，它们具有的意义超出了与测量问题的部分相关性。不久前的一个重要进展是，人们认识到它们也与我们应该怎样思考所谓混沌系统的量子力学有关。

自然界中存在的固有的不可预测性，并不仅仅来自量子过程。大约40年前，人们认识到即使在牛顿物理学中，也有许多系统对微小的扰动效应极其敏感，进而使它们未来的行为无法被精确预测。这个发现令大多数物理学家非常惊讶。这些混沌系统（对它们的称呼）对细节的敏感，很快达到海森堡不确定性水平或以下。但是，用量子力学观点来处理它们——一个叫作**量子混沌**

学的课题——被证明是有问题的。

困惑的原因如下：混沌系统有一个行为，它的几何特征对应于著名的分形（最熟悉的例子是曼德尔布罗特集，该集是许多迷幻海报的主题）。分形是某种被称作自相似的东西，也就是说，不论在何种尺度上查看，它们看起来本质是相同的（锯齿由锯齿组成，……，一直这样下去）。因此，分形没有天生的特征尺度。然而另一方面，量子系统却有天生的特征尺度，由普朗克常数设定。因此，混沌理论和量子理论并不能顺利地相互适应。

由此产生的失配将导致所谓的“混沌的量子抑制”：当混沌系统开始在量子水平上依赖细节时，就改变了自己的行为。对物理学家来说，这就导致了另一个问题，该问题最严重的形态源自对土星的第十六颗卫星——土卫七的思考。这个马铃薯形状的岩石块，跟纽约差不多大小，以混沌的方式在翻滚。如果我们将量子抑制概念应用到土卫七上，预期结果将会惊人地有效，尽管它尺寸极大。事实上，基于这个计算，混沌运动最多仅能持续约37年。实际情况是，天文学家观测土卫七的时间比37年短得多，但是没人预期它那怪诞的翻滚行为会很快结束。乍一看，我们面临着一个严重问题。然而，考虑退相干会为我们解决这个问题。退相干存在一个倾向，即驱动事物朝着与经典情形更相似的方向发展，该倾向有一个效应，能反过来抑制混沌的量子抑制。我们还是能够满怀信心地预期，土卫七会继续翻滚很长一段时间。

退相干引起的另一个相当类似的效应是**量子芝诺效应**。衰变带来的放射性原子核，会被原子核与环境光子相互作用引发的

"迷你观察"强制返回到初始状态。持续不断回到起点具有抑制衰变的作用，该现象已经在实验中被观测到。这个效应是根据古希腊哲学家芝诺的名字命名的，他曾思考一支飞行的箭，认为在**现在**这个时刻观测这支箭，其处于一个特定的固定位置，所以他相信箭不可能真正运动。

这些现象清楚地说明了量子理论和它的经典界限之间的关系是微妙的，涉及不能简单地用"大"和"小"来划分的交错效应。

相对论量子理论

我们关于自旋和统计理论的讨论已经表明，量子理论和狭义相对论的结合会得出内容更加丰富的统一理论。在不断地构想如何结合这两个理论的过程中，第一个成功的方程是电子的相对论方程，由保罗·狄拉克在1928年发现（见数学附录**12**）。它的数学细节技术性太强，无法展现在本类书中，但是我们必须注意到，这个进展给我们带来两个意想不到的重要结果。

仅通过思考量子理论和相对论不变性需求，狄拉克就创造了他的方程。因此，当他发现这个方程对电子电磁性质的预言与以往不同时，那一定是个巨大的惊喜。人们以往将电子看作微型的带电陀螺，狄拉克方程预言的是在此基础上得到的电子磁相互作用强度的两倍。人们已经从经验上知道事实就是这样，但是没人能理解这明显反常的行为为什么会发生。

第二个结果甚至更加重要，源自狄拉克聪明地将失败的威胁转变成欢欣鼓舞的胜利。从事实情况来看，狄拉克方程有一个显而易见的缺陷。它允许对应于真实电子行为所需要的正能态，但是它也允许负能态，后者几乎不产生任何物理意义。不过，它们不能被简单地丢弃，因为量子力学原理必然会允许从物理上可接受的正能态到负能态的跃迁所带来的灾难性后果。（这将是一个物理灾难，因为往负能态上的跃迁需要无限多的正能量来平衡，进而导致一种失控的永动机。）有相当长一段时间，这是一个非常令人尴尬的难题。但是随后狄拉克认识到，电子的费米统计可能会提供一个方法来走出困境。怀着巨大的勇气，他假设所有负能态都已经被占据。那么，不相容原理将阻止任何从正能态朝向它们的跃迁。人们以前认为是空的空间（真空）实际上被负能电子“海”填满了！

听起来，这确实是个奇怪的画面。其实，后来证明可以用一个新方法来表述这个理论。新方法保留了人们想要的结果，形式上没有这么生动形象，不过也少了些怪诞。同时，用负能海的概念来进行研究让狄拉克有了一个至关重要的发现。如果能提供足够的能量，比如借助一个能量很高的光子，将有可能从负能海中弹出一个负能电子，使之转变为普通的正能电子。那么，如何看待在这个过程中留在负能海中的“空穴”呢？负能缺失和正能出现是一样的（两个减号就生成一个加号），因此空穴将表现为一个正能粒子。但是，负电荷缺失和正电荷出现也是一样的，所以“空穴粒子”将是带正电的，这与负电荷电子相反。

在20世纪30年代，相对于随后到来的自由思考，基本粒子物理学家的思想还是相当保守的。他们根本不喜欢那种认为存在某些未知类型新粒子的想法。因此，人们起初认为，狄拉克谈论的这种正粒子，可能不过就是众所周知的带正电荷的质子。然而，人们很快就认识到，空穴质量必须和电子质量相同，而质子的质量要大很多。因此，唯一可接受的解释，就是有点不情愿地预测它是一个全新的粒子。很快该粒子就被命名为正电子，它与电子质量相同，但是带有正电荷。它的存在也很快就被实验所证实，因为在宇宙射线中发现了正电子。（其实，这些例子很早就被观察到了，只不过没有像现在这样被认识。实验者们很难看到他们并未真正寻找的东西。）

人们开始认识到，电子-正电子孪生对是自然界中普遍存在的行为的一个特殊实例。自然界中，存在物质（比如电子）和带相反电荷的**反物质**（比如正电子）。前缀“反”用得很恰当，因为一个电子和一个正电子能够相互湮灭，在能量爆炸中消失。（以传统方式来说，电子填上了海中的空穴，释放的能量随后被辐射出去。相反，如我们所看到的那样，高能光子能够从海中驱出一个电子，在后面留下一个空穴，从而制造一个力电子-正电子对。）

狄拉克方程硕果累累，既解释了磁性质，又发现了反物质，这两个主题绝非狄拉克构造该方程的初衷。狄拉克方程卓有成效的历史，是一个真正基础性的科学思想所能体现的长期价值的杰出代表。正是这异常丰富的成果，使物理学家相信他们确实“弄清了一些事情”。与某些科学哲学家和科学社会学家的意见相反，他们并不仅仅是在默契地同意以特别的方式来看待事物。他们还在探索物理世界事实上是什么样的。

量子场论

当狄拉克将量子力学原理应用在电磁场而非粒子上时，他做出了另一个基础性发现。该发现带来了第一个为人们所知的量子场论范例。事后来看，迈出这一步技术上并不太难。粒子和场的基本差异是，前者自由度（其状态能够独立改变的方式）数有限，而后者自由度数无限。已经有一些众所周知的数学技术可以用来处理这个差异。

量子场论被证明是非常有趣的，并且为我们思考波粒二象性提供了一个最富启发性的方法。场是在空间和时间中延伸的实体，因此有一个内在的波动特征。把量子理论应用到场上，将导致场的物理量（比如能量和动量）以离散的、可数的波包（量子）形式出现。但是，这种可数性正是我们用来与粒子行为联系的性质。因此，研究一个量子场，就是在调查和理解以尽可能清晰的方式显示出波动性和粒子性的对象。这有点像你正对哺乳动物会生蛋感到困惑，然后就让你看一只鸭嘴兽一样。真实的例子总是最有教益。事实证明，在量子场论中，表现出波动性质（从技术上，有明确相位）的态是那些包含**无限个**粒子的态。后面这个性质是一种自然的可能性，因为量子理论的叠加原理允许粒子数不同的状态间的结合。在经典理论中，这种选择是不可能的，因为那里只能依序看一看、数一数真实存在的粒子数。

量子场论中，真空也有不同寻常的性质，并且特别重要。当然，真空是最低能量状态，其中不存在对应于粒子的激发。尽管在这个意义上那里没有任何东西，但是在量子场论中，这并不意味着那里没有事情发生。原因如下：被称作傅立叶分析的标准数学技术，允许我们将场等效为无限个谐振子的集合。每一个谐振子都有与它相关的特定频率，其动力学上的表现就像一个按照给定频率振荡的钟摆。场的真空状态，就是指所有这些“钟摆”都处在它们最低的能量状态。对于一个经典钟摆，就是指摆锤静止在底部的状态。这个情况下，确实没有任何事情发生。然而，量子力学并不允许如此完美的平静。海森堡不允许“摆锤”同时有明确的位置（在底部）和明确的动量（静止）。相反，量子钟摆必须微弱地运动，即使在它的最低能量状态（靠近底部并近乎静止，但没有完全停下）。由此产生的量子颤动叫**零点运动**。把这些思想多次应用到形成量子场的无限个振子上，暗示量子场的真空是一个嗡嗡活动的蜂房。涨落持续发生，在这个过程中“粒子”瞬时出现，又瞬时消失。量子真空更像是充满物质的空间，而不是空的空间。

当物理学家开始将量子场论应用到涉及场间相互作用的情形时，他们遇到了困难。对于本来应该是有限的物理量，无限数量的自由度往往会产生无限多的答案。这种情况发生的一个重要方式是通过与不停息的真空涨落相互作用。最终人们发现了一个方法，可以从无意义中创造出意义。某类场论（称作**重整化**理论）仅产生有限类型的无限，单与粒子质量和它们相互作用的强度有关。仅剔除这些无限项，并用相关物理量有限的测量值代替它们——该过程就是定义有意义结果的程序，虽然它不是纯数学程序。事实也表明，它提供的有限结果与实验惊人地一致。多数物理学家对此实用主义的成功感到非常高兴。但是，狄拉克自己从来不这样。他强烈不赞成对正式的无限量采取的可疑花招。

今天，所有基本粒子理论（如物质的夸克理论）都是量子场论。粒子被认为是潜在场的能量激发。（合适的场论最终也提供了正确的方法去处理负能电子“海”的困难。）

量子计算

近来，人们对是否能够将叠加原理作为大幅增强计算能力的一个方法表现出极大的兴趣。

传统计算是基于二进制操作的组合，形式上的表述是0和1的逻辑组合，在硬件上则是通过开关的开或关实现。当然，在经典设备中，开关是相互排斥的两种可能。一个开关，要么是明确打开，要么是明确关闭。然而，在量子世界，开关可以处在这两个经典可能状态的叠加态上。一系列这种叠加将对应于一种全新的并行处理。保持如此多计算小球同时在空中的能力，在原则上代表计算能力的增强，额外元素的增加将使计算能力呈指数增长，而在传统情况下它是呈线性增长的。许多在当前机器上不可行的计算任务，如解码或大数因子分解，都将变得可行。

这些可能性令人兴奋。（支持者喜欢用多世界的措辞来谈论它们，似乎数据处理将在平行宇宙中发生，但看来实际上只是叠加原理本身为量子计算的可行性提供了基础。）然而，真正的实施将毫无疑问是件棘手的事，还有大量问题尚待解决。其中许多问题都围绕在如何稳定保存叠加态上。退相干现象表明，将量子计算机从有害的环境干扰中隔离出来是多么困难。对于量子计算，人们正在进行严肃的技术和市场考察，但是作为一个有效的过程，目前它还只是支持者眼中的一线微光。

第五章

相　聚

爱因斯坦通过对光电效应的解释，成为量子理论的创始人之一。然而，他后来却开始憎恶这个理论。像绝大多数物理学家一样，爱因斯坦深信物理世界的真实性，并且确信用科学解释其性质是真实可靠的。但是，他后来开始相信，只有牛顿思想假设的那类朴素客观性才能保证这个真实性。结果，爱因斯坦开始嫌恶哥本哈根正统观念对量子世界的本质所赋予的模糊和不稳定性。

他对当代量子理论的第一个攻击，采用的形式是一系列非常巧妙的思想实验，每一个实验都声称能在某种方式上规避海森堡不确定性原理的限制。在这场争辩中，爱因斯坦的对手是尼尔斯·玻尔。玻尔每次都能成功将量子思想全面应用在这些实验的各个方面，实际结果就是不确定性原理毫发无损，继续健在。最终，在这场特殊战斗中，爱因斯坦承认失败。

休整了一段时间后，爱因斯坦重整旗鼓，又返回战斗，并为论战提出了一个新的依据。这次他还带了两个年轻的合作者，鲍里斯·波多尔斯基和内森·罗森。他们指出，在两个明确分开的粒子的量子力学行为中，存在一些非常奇怪的、到目前为止还未被察觉的、长程的内在含义。该问题很容易用后来提出的、以发现者名字命名的EPR思想进行解释。该争论是由戴维·玻姆引起的，尽管涉及很少，但非常值得考察一番。

假设两个粒子有自旋$\mathbf{s}_1$和$\mathbf{s}_2$，并且已知总的自旋为零。这当然意味着$\mathbf{s}_2$等于$-\mathbf{s}_1$。自旋是一个矢量（这就是说，它有大小和方向——可以想象成一个箭头），按照数学惯例，我们用黑体来表示矢量。因此，自旋矢量将有三个分量，可以沿三个被选的空间方向x、y和z进行测量。如果测量$\mathbf{s}_1$的x分量，并得到答案$\mathbf{s}'_{1x}$，那么$\mathbf{s}_2$的x分量一定为$-\mathbf{s}'_{1x}$。另一方面，如果测量$\mathbf{s}_1$的y分量，得到答案$\mathbf{s}'_{1y}$，那就知道$\mathbf{s}_2$的y分量一定是$-\mathbf{s}'_{1y}$。但是量子力学不允许同时测量自旋的x和y分量，因为它们之间有一个不确定关系。爱因斯坦声称，虽然根据正统量子思想事实可能如此，但不论粒子1发生什么，都不会对很远处的粒子2产生即时效应。按照EPR思想，1和2的空间分离意味着，**在1处发生的事与在2处发生的事是相互独立的**。如果确实是这样，并且如果能够选择测量1处自旋的x或y分量，而且能得到2处自旋分别对应的x或y分量的确定知识，那么，爱因斯坦声称，无论是否真正做了测量，粒子2实际上一定有这些明确的自旋分量值。这在传统量子理论中是被否认的，原因当然在于自旋x和y分量间的不确定关系不仅适用于粒子2，也同样适用于粒子1。

从这略显复杂的讨论中，爱因斯坦得出结论，传统量子力学一定存在一些不完备的地方。它不能解释爱因斯坦所深信的自旋分量的确定值。几乎所有其他物理学家，都以不同于他的方式来解释这些事情。按照他们的观点，不论$\mathbf{s}_1$还是$\mathbf{s}_2$，都是直到实际测量后，才会有明确的自旋分量。那么，确定1的x分量会迫使2的x分量取相反值。也就是说，在1处的测量也会迫使2处波函数塌缩，并塌缩到自旋x分量的相反值上。如果在1处测量的是y分量，2处波函数就会塌缩到相反的y自旋分量值上。这两个2处的态（已知x分量的态；已知y分量的态）绝对是互不相同的。因此，多数方观点可以引导出如下结论：**1处的测量会立即引起2处的改变，并且这个改变精确地依赖于1处的测量**。换句话说，就是在1和2之间，存在一种反直觉的分离中相聚（togetherness-in-separation）；1处的动作会对2处产生即时结果，并且1处不同的动作会引起2处不同的结果。这通常被称为**EPR效应**。该术语有点讽刺意味，因为爱因斯坦自己拒绝相信这个长程关联，并认为这个影响太过"诡异"而令物理学家难以接受。随后对这个问题的争议安静了一段时间。

约翰·贝尔做了下一步工作。他分析了如果1–2系统是一个真正分离的系统（像爱因斯坦假设的那样），它会有什么性质。真正分离是指1处的性质仅依赖于1处局域内发生的事情，2处的性质仅依赖于2处局域内发生的事情。贝尔证明，如果该严格的定域性是事实，在两处可测量的量之间就会存在某些特定关系（它们现在被叫作贝尔不等式），而量子力学预言在某些情况下会违反这些关系。这是一个重大的进步，它将争论从思想实验领域转移到了经验可感知的、在实验室就能进行研究的领域。实验做起来并不容易，但最终在20世纪80年代初，艾伦·阿斯派克特及其合作者们实施了一个精妙的实验研究。该研究证实了量子理论的预言，同时否认了爱因斯坦所拥护的纯粹定域论的可能性。事实已经很清楚，物理世界中存在最低程度的非定域性。已经相互作用的量子对象保持着相互纠缠，不管它们最终在空间上分开多远。看来，大自然对无情的还原论做出了反击。甚至，亚原子世界也不能纯粹按原子论来处理。

EPR效应揭示了存在于物理世界基本结构中的深层相关性。这个发现是物理思想和形而上学思考仍然必须接受下来的，以便完全阐释它的所有结果。作为这个持续消化过程的一部分，有必要尽可能弄清楚，EPR暗示的纠缠的特征究竟是什么。大家必须承认，远处有真实的作用介入，而不仅仅是额外知识的某种增长。用学术语言来描述：EPR效应是本体论的，而不仅仅是认识论的。增加对远处的了解是毫无问题的，也不令人惊讶。假设一个缸里有两个球，一个白，一个黑。你和我都将手放进去，拿走其中的一个并且握紧拳头。然后，你顺着大路走一英里远，再打开拳头，发现拿了一个白球。你立即就会知道，我一定拿着一个黑球。在这个事件中，唯一改变的是你的认识状态。我一直拿着黑球，你一直拿着白球，但是现在你已经意识到就是这样。相比之下，在EPR效应中，在1处发生的事实**改变**了2处的情况。这就好像是，如果你发现自己手里拿了一个红球，我的手里就一定拿了一个蓝球，但是如果你发现自己拿了一个绿球，我就一定拿了一个黄球。在你看之前，我们每人拿的球都没有确定的颜色。

机警的读者可能会质疑所有这些关于瞬间改变的说法：当时间未达到最大以光速传输影响所需时间之前，狭义相对论难道不是禁止1处的某物对2处有任何影响吗？这个说法不完全准确。相对论实际禁止的是信息的瞬间传输，如允许1处时钟和2处时钟立即同步的那类传输。事实证明，EPR类型的纠缠并不允许那类信息传输。原因在于，分离中相聚呈现的形式是1处和2处发生的事情之间的关联。如果不了解两端发生的事情，从这些关联中是读不出任何信息的。这就好比，一位1处的歌手在唱一连串随机的音符，一位2处的歌手也在唱一连串随机的音符，只有一起听到他们的音符，才能认识到这两位歌手是以相互协调的方式在唱歌。认识到事实如此，能够警醒我们反对“量子炒作”一类的说法，该说法错误地断言EPR“证明”心灵感应是可能的。

第六章

教训与价值

量子力学呈现给我们的物理过程图像，完全不同于日常经验引导我们所预期的。它是如此奇特，以至于颇具说服力地提出了如下问题：是否亚原子本质上确实"就是这样"，还是量子力学不过是一个奇怪但能使我们得出结论的便利方法？我们可以得到与在实验室用经典测量设备取得的结果惊人一致的答案，但是也许我们其实不应该相信这个理论。本质上，上面提出的问题是一个哲学问题，它超出了仅用科学自身资源就可以解决的范畴。其实，这个量子疑问仅是现实主义者和实证主义者之间基本哲学争论的一个特殊例子，尽管也是一个具有异常挑战性的例子。

实证主义和现实主义

实证主义者把科学的作用看作对观测数据的协调。如果人们能够做出预测，并且该预测能精确、和谐地解释测量仪器的行为，那么任务就完成了。本体论的问题（那儿究竟有什么？）是不相关的奢望，最好丢弃。实证主义者的世界由计数器读数和感光板上的标记所占据。

这种观点有很长的历史。红衣主教贝拉尔米内就劝伽利略，说他应该将哥白尼系统仅看作一个“保全颜面”的简便方法，一个确定行星在天空中什么位置出现的好的计算方法。伽利略不应该认为地球确实在绕着太阳转——而应该认为哥白尼仅仅是把该假设作为一个方便的计算工具。这个保全颜面的提议没有吸引伽利略，类似的建议也没有被科学家们普遍接受。如果科学仅仅是在关联数据，并不告诉我们物理世界实际是什么样的，那么就很难看到花费在这个事业上面的所有时间、精力和人力是值得的。它的成就就会显得过于贫乏，不足以证明有必要做出如此大的投入。此外，对一个理论保全颜面能力的最自然的解释，肯定是它与实际状况有一定的对应关系。

尽管如此，尼尔斯·玻尔似乎经常以实证主义的方式谈到量子理论。他曾在给一个朋友的信中写道：

> 量子世界是不存在的。存在的仅是抽象的量子物理描述。认为物理学的任务是弄清大自然是怎样的，那是错误的想法。物理学所关心的是关于大自然我们能说什么。

玻尔对经典测量设备作用的执着，可以看成是鼓励了这类听上去是实证主义的观点。我们已经看到，玻尔在晚年变得非常关心哲学问题，写了大量关于哲学的文章。由此汇成的文集很难解释。玻尔在哲学问题上的天分，要远逊于他作为物理学家的杰出天资。此外，他相信并举例证明存在两种真相：一种是平凡的，可以被清楚表达；另一种是深奥的，仅能被模糊讲述。当然，他作品的主体已经被评论者做出各种各样的解释。有些人已经感觉到，玻尔所信奉的实际上是一种有保留的现实主义。

现实主义者认为，科学的作用在于揭示物理世界实际是什么样的。这是一个永远不能完全实现的任务。新的物理领域（例如，更高能量领域）总是在等待我们去探究，而且它们的行为完全可能有非常出人意料的特征。若对物理成就进行诚实评价，最多只能说它是逼近真实（对广泛但有限范围的现象的准确解释），而不是绝对真理（对物理实在的完整解释）。物理学家就是物理世界地图的绘制者，虽能在选定范围内找到合适理论，但无法描述正在发生的情况的所有方面。这类哲学观点把物理科学的成就看作对真正实在的不断加深的理解。现实主义者的世界是由电子和光子、夸克和胶子占据的。

实用主义在实证主义和现实主义之间提供了一个折中方案。这一哲学立场承认物理学能使我们做成事情这一技术事实，但又不像现实主义者走得那么远，认为我们知道世界实际是什么样的。实用主义者可能说，我们应该认真对待科学，但不应该认真到去相信它。然而，对科学所取得的技术成就的最明显解释无疑是，它是基于对事物实际行为方式的逼真理解。

我们可以列出大量能为科学现实主义辩护的例子。其中一个，如我们已经指出，科学现实主义为物理学可预见的成功及其长期丰富成果，以及利用物理世界图景创建的许多技术仪器的可靠运行，提供了自然而然的理解。现实主义也解释了为什么科学努力会被视为值得，能够吸引许多高智商人才为其毕生奉献：它是一项能够按照事物的真实情况创造真正知识的活动。现实主义对应着科学家的信念，他们坚信自己经历着发现的过程，而不仅仅是在学习更好的方法去得出结论，也不仅仅是在他们自己之间心照不宣地同意以这种方式看待事物。这个关于发现的信念极大程度上来自科学家频繁体验到大自然在他们的事先预期面前所展示的抗拒。物理学家可能带着特定想法去处理一些现象，结果却发现，这些想法被他们发现的物理世界的真实行为方式所否定。自然界强迫我们重新审视自己，这经常会促使我们最终发现正在发生之事的完全出人意料的性质。当然，量子理论的出现是一个杰出的修正主义范例，由物理实在强加到科学家的思想上。

如果量子理论确实在告诉我们亚原子世界的真正面貌，那么它的实在性就非常不同于我们用以接近日常事物世界的朴素客观性。正是这一点让爱因斯坦觉得很难接受。他强烈地相信物理世界的实在性，但是他拒绝传统量子理论，因为他错误地认为只有客观实体才可能是真实的。

量子实在性，就其性质而言，是模糊且不连续的。法国哲学家及物理学家贝尔纳·德埃斯帕尼亚曾把它的性质说成是“蒙着面纱的”。在量子理论的创建者当中，维尔纳·海森堡是最具有真正哲学思考精神的。他觉得借用亚里士多德的势（*potentia*）的概念非常有用。海森堡曾经写道：

> 在关于原子事件的实验中，我们所要处理的就是事实，是与日常生活中任何现象一样真实的现象。但是，原子或基

本粒子不那么真实；它们构成了一个潜在性或可能性的世界，而不是事物或事实的世界。

电子并不是一直有明确位置或明确动量，但是如果测量将潜能变成了事实，它就有展示其中一个或另一个的潜能。海森堡认为，这个事实使电子不像桌子或椅子“那样真实”。关于这一点，我不认同。电子只是拥有一种不同类型的实在性，适合于它的本性。可以这么说，如果想了解事情是什么样的，我们就必须准备好按照它们本来的样子去了解，也就是说以它们自己的方式。

为什么几乎所有物理学家都想坚持电子的（正确理解的）实在性？我相信，这是因为存在电子的假设，以及所有伴随电子的微妙量子性质，能使大量物理经验变得易于理解，否则它们对我们来说就是晦涩难懂的。它解释了金属的导电性质、原子的化学性质、我们建造电子显微镜的能力，以及许多其他的东西。它的**可理解性**（而不是客观性）正是实在性的线索——顺便提一下，这一信念与源自托马斯·阿奎那思想的形而上学传统是一致的。

作为电子性质的本质，蒙着面纱的实在性在我们思想中体现为与它们有关的波函数。当一位物理学家考虑电子“正在做什么”的时候，他头脑中所想的就是适当的波函数。显然，波函数并不像客观存在的台球一样，是一个可以接触的实体。在量子思维中，它的作用方式也不像实证主义思想所认为的只是一个计算装置那样令人容易接受。相当虚幻的波函数似乎是一个合适的运输工具，可用来装载量子实在那蒙着面纱的潜能。

合理性

如果研究量子物理能教会人们什么，那一定是世界充满了惊奇。没有人会事先料想到存在这样的实体对象：有时它们似乎表现为波，有时又似乎表现为粒子。人们固执地认为实际经验是必要的，这一点将以上认识强加到了物理界。就像玻尔曾经说过，世界不仅比我们想象的要奇怪，而且比我们能够想象的还要奇怪。我们之前已经指出，在应用到量子世界的时候，甚至连逻辑都需要修改。

对量子物理学家来说，他们的口号完全可以是“革新常识，永不过分”。这个激动人心的格言所表达的信息有广泛相关性，不只与量子领域相关。它提醒我们，我们的理性预见能力是相当短视的。对于已经提出的对实在性某个方面的解释，无论在科学领域之内还是之外，科学家要问的本能问题都不应该是“这是否合理？”，似乎我们事先就知道原因必定会采取何种形式。相反，合适的问题应该是“是什么让你觉得事实可能是这样？”。后者是一个更加开放的问题，它既不排除可能的惊人发现，又坚持应该有证据来支持所做的断言。

如果说量子理论鼓励我们持续改进对合理性的认识，那么它也鼓励我们承认，没有普适的认识论，也没有一个万全的方法，通过它我们可以期望获得全部知识。我们能以牛顿的清晰性了解日常世界，但是只有在准备好按照海森堡不确定性原理接受量子世界后，我们才能认识量子世界。坚持以朴素的客观性来解释电子只能导致失败。存在这样一种认识论循环：我们如何认识一个实体必须遵守那个实体的性质，而实体的性质则是通过我们对它的认识来揭示的。没有什么能逃离这个精巧的循环。量子理论就是一个例子，它鼓励我们相信该循环是有益的，而不是有害的。

形而上学标准

成功的物理理论，最终必须能够展示它符合实验事实的能力。最终保全颜面是一个必要的成就，尽管在达到那个终点的途中，可能会有一些临时性的困难（如狄拉克一开始面对电子负能态预言时，该预言在经验上明显是灾难性的）。当一个理论被证明能预言或理解新现象或未预料到的现象时（例如，狄拉克对电子磁性质的解释，以及他对正电子的预言），特别有说服力的是其持续结出的硕果。

然而，这些经验上的成功仅靠它们自身，并不总能成为理论被科学界接受的充分标准。拿量子理论来说，在不确定解释和确定解释之间的选择，就不能建立在这些基础上。玻姆像玻尔一样保全了颜面。他们之间的问题必须依靠其他原因来解决。最终，决定所依赖的是形而上学的判断，而不是单纯依赖于物理测量。

在评估理论的重要性时，科学界非常重视的形而上学标准包括：

（1）范围

理论必须说清楚适用现象的最大可能范围。在玻尔和玻姆的情形中，这个标准并不能解决他们之间的问题，因为两组结果在经验上是等价的（不过我们应该注意到，玻姆思想需要更好的证据去完善它的解释，以证实波函数计算能正确给出初始概率这个观点）。

（2）经济

理论越简单明了，看起来就越吸引人。玻姆理论在这一点上得分就要少很多，因为它给可观测粒子假设了隐波。这种对象的倍增，当然被许多物理学家看作该理论不吸引人的地方。

（3）高雅

没有过分的人为设计，就有了这个概念，可以给它加上**自然**这一属性。正是基于这些理由，大多数物理学家发现了玻姆思想面临的最大困难。尤其是，不得不专门将薛定谔方程挪用为玻姆波方程，使它有一种不受欢迎的投机取巧的感觉。

这些标准不仅存在于物理学自身以外，对它们的评价也是依个人判断而定的事情。满足这些标准，不能被简化成遵循一个定式化协议。对此判断的评估，我们也无法交给计算机来完成。量子物理界大多数人赞成玻尔而反对玻姆，这个判断后来成为一个范例。科学哲学家迈克尔·波拉尼将其称为“个人知识”在科学中的作用。波拉尼在转向哲学之前本身就已是一位杰出的物理化学家，他强调，尽管科学研究的对象是客观的物理世界，但是做科研不可避免是人的活动。这是因为它涉及许多判断行为，需要练习一些隐性技能才能完成，而这些技能只有在追求真理的科学界经过长时间学习的人才能获得。这些判断，不仅关系到我们已经讨论过的那类形而上学标准的应用，在更日常的层面上，它们还包括其他一些技能，如实验者评估和排除虚假“背景”影响的能力，否则这些影响将会损害实验结果。没有一本小黑皮书告诉实验者该如何去做。这是从经验中学到的事情。用波拉尼经常重复的一句话来说，我们都是“所知道的比能言传的多”，不论这表现在骑自行车、鉴赏美酒这些隐性技能上，还是表现在成功设计和执行物理实验上。

整体论

在第五章中我们已经看到，EPR效应显示，在量子世界中存在固有的非定域性。我们也已经看到，退相干现象会使一般环境作用在量子对象上的相当惊人的强大效应变得平淡无奇。量子物理学是关于极小对象的物理学，但它绝不赞成对实在做出纯粹原子论的、“零零碎碎”的解释。

物理学不决定形而上学（更广的世界观），但是物理学无疑会约束形而上学，就像房子的地基一样，它约束但不完全决定上面建造的大厦。哲学思想并不总会充分考虑到量子理论的这些整体性方面的含义。毫无疑问，它们鼓励人们承认，获得对自然界的解释是有必要的。这种解释在两方面获得成功：不仅认识到它的结构单元确实是基本粒子，还认识到它们结合所产生的实在，比单纯一个成分自身所揭示的更完整全面。

观测者的作用

一个经常被重复的陈词滥调是量子理论是“观测者创造的”。若仔细考虑，将会大大限制和减少那个说法。如何陈述关键取决于如何解释测量过程。这是中心问题，因为在多次测量之间，薛定谔方程规定量子系统以极其连续、确定的方式在演进。测量的一般定义是事物微观状态信号的不可逆的宏观记录。记住这一点也很重要。这个事件可能会涉及观测者，但是一般不需要。

只有意识解释给有意识的观测者的行为分派了一个独一无二的角色。所有其他解释都只关心物理过程的各方面，对人的出现并不感兴趣。即使在意识解释中，观测者的作用也被限制在对测量对象的有意识选择，然后再无意识地引出实际出现的结果上。实际情况仅能在已存在的量子潜能所限定的范围内进行转换。

新哥本哈根观点认为，实验者能选择使用什么设备、要测量什么物理量，但是在这之后测量结果则是在设备内由宏观物理过程决定。相反，如果是新GRW物理学起作用，实际结果将由随机过程产生。如果玻姆理论是正确的，观测者的作用就和经典物理中一样，即观看早已清清楚楚的事实。在多世界解释中，观测者成了物理实在作用的对象，并被克隆到所有其他平行宇宙中。在这些大量的平行宇宙组合中，所有可能的结果都会在某处或其他地方被实现。

这些对观测者作用的可能解释互不相同，没有共同因素能将它们联合起来。似乎恰当的是，最多我们只能谈论“观测者影响的实在”，避开谈论“观测者创造的实在”。不是已经在某种意义上已经潜在存在的东西，永远不可能变成现实。

关于这个问题，还必须质疑如下断言，即量子世界是非实在的“消逝的世界”。这个断言经常声称与东方思想中的**玛雅**概念类似。这个说法只对了一半。我们先前讨论过，量子是“蒙着面纱的”，此外潜在性在量子理解中起着众所周知的作用。然而，量子世界中也有一些继承经典物理的方面，同样需要被考虑进来。在量子理论中，能量和动量这些物理量是守恒的，就像它们在经典物理中一样。再回想一下，量子力学的一个最初胜利就是解释原子的稳定性。量子不相容原理支撑着元素周期表的稳定结构。绝不是所有量子世界都消逝到虚无缥缈中去了。

量子炒作

用一个对精神健康的警告来结束这一章看来比较合适。量子理论确实比较奇怪和令人惊讶，但是它并没有怪诞到根据它“任何事情都能发生”。当然，没有人真的会与这样粗泛的观点争论，但是有一种论调非常危险地接近于采取这种夸张的态度。你可以叫它“量子炒作”。我想提醒的是，当要把人们吸引到量子的内在含义上时，应当采取严肃谨慎的态度。

我们已经看到，EPR 效应并不能为心灵感应提供解释，因为它的相互纠缠度并不能促进信息传输。大脑中的量子过程可能与人类意识思维的存在有某种联系，但是随机的亚原子不确定性实际上非常不同于人的自由意志活动。波粒二象性是个非常令人惊讶但又富有启发意义的现象，它看似自相矛盾的特征已经由量子场论的洞见替我们解决了。然而，它并未允许我们去随意接受任何我们喜欢的明显矛盾的成对概念。就像强效药物一样，当我们正确使用时，量子理论是美妙的，但是当我们滥用、误用时，它就会带来灾难。

术语表

大体而言，本术语表仅限于定义在本书中反复出现或对量子理论的基本理解有特别意义的术语。其他仅出现一次或不太重要的术语，仅在文中对应的地方给出定义，读者可以通过索引来找到它们。

angular momentum **角动量** 一个衡量旋转运动的动力学量

Balmer formula **巴耳末公式** 描述氢原子光谱中著名谱线频率的简单公式

Bell inequalities **贝尔不等式** 在特定理论中必须被满足的条件，该理论在特征上是严格定域的，没有非定域关联

bosons **玻色子** 一种粒子，其多粒子**波函数**是对称的

Bohmian theory **玻姆理论** 量子理论的一种确定性解释，由戴维·玻姆提出

chaos theory **混沌理论** 对环境细节极其敏感以致其未来行为在本质上无法预测的物理学体系

classical physics **经典物理** 由艾萨克·牛顿发现的一类确定的、可描画的物理理论

collapse of the wavepacket **波包塌缩** 由测量行为引起的**波函数**的不连续变化

complementarity **互补性** 尼尔斯·玻尔特别强调的事实，即存在明确的且相互排斥的方式来考虑量子系统

Copenhagen interpertation **哥本哈根解释** 一组量子理论解释，源自尼尔斯·玻尔，强调不确定性和经典测量仪器在测量中的作用

decoherence **退相干** 作用在量子系统上的环境效应，能快速诱导出近乎经典的行为

degrees of freedom **自由度** 多种不同的独立方式，一个动力学系统在运动过程中能够按照这些方式改变

epistemology **认识论** 关于我们所能知道事物的意义的哲学讨论

EPR effect **EPR效应** 两个相互作用的量子实体的反直觉结果，即不管这两个量子实体相互分开有多远，它们间都保持强大的相互影响

exclusion principle **不相容原理** 没有两个**费米子**（如两个电子）能够处在相同的状态

fermions **费米子** 一种粒子，其多粒子**波函数**是反对称的

hidden variables **隐变量** 不可观测的量，它在对量子理论的确定性解释中，帮助确定究竟发生了什么

inteference phenomena **干涉效应** 由波结合产生的效应，可以导致加强（波同步）或相消（波不同步）

many-worlds interpretation **多世界解释** 量子理论的一种解释，在此解释中，所有可能的测量结果都在不同的平行世界中真正实

现了

measurement problem **测量问题** 量子理论解释中的一个有争议的问题，关于如何理解在每一个测量时刻都能得到一个明确结果

non-commuting **非对易** 相乘的顺序很重要这一性质，它导致AB和BA结果不一样

observables **观测量** 能够被实验测量的物理量

ontology **本体论** 关于存在本质的哲学讨论

Planck's constant **普朗克常数** 基本的新物理常数，它确定量子理论的尺度

positivism **实证主义** 一种哲学态度，认为科学仅关心被直接观察到的现象间的关联

pragmatism **实用主义** 一种哲学态度，认为科学真正关心的是把事情完成的技术能力

quantum chaology **量子混沌** 未被完全理解的混沌系统的量子力学课题

quantum field theory **量子场论** 量子理论在场，比如电磁场或与电子有关的场中的应用

quarks and gluons **夸克和胶子** 当前核物质基本成分的候选对象

radiation **辐射** 电磁场携带的能量

realism **现实主义** 一种哲学态度，认为科学是在告诉我们物理世界实际是什么样的

Schrödinger equation **薛定谔方程** 量子理论的基本方程，决定**波函数**如何随时间变化

spin **自旋** 基本粒子拥有的内禀**角动量**

statistical physics **统计物理** 在复杂系统最可能的态的基础上，处理复杂系统整体行为的方法

statistics **统计学** 由全同粒子组成的系统的行为

superposition **叠加原理** 量子理论的基本原理，它允许将**经典物理**中不能混合的态加在一起

uncertainty principle **不确定性原理** 量子理论中的一个事实，即**观测量**能够按对分组（如位置和动量，时间和能量），以致组中的成员不能被同时精确测量。同时测量的精确性的极限尺度由**普朗克常数**确定

wavefunction **波函数** 量子理论中最有用的关于态的数学表述。它是**薛定谔方程**的解

wave/particle duality **波粒二象性** 一种量子性质，即物理对象能够有时表现为粒子，有时表现为波

数学附录

本附录将简略阐述一些简单的数学细节，对那些希望加以利用的读者来说，它们能够阐明许多正文中没有给出的数学要点。（在正文中，各条是通过条目号来进行交叉指引的。）此附录要求读者精通代数方程，并熟悉基本微积分符号。

1. 巴耳末公式

这里给出里德伯改写过的巴耳末公式。与原始公式相比，形式上稍有改变，但更有助益。如果vn是可见氢光谱中的第n条线的频率（n取整数值，3, 4, …），那么

$$vn = cR\left(\frac{1}{2^2} - \frac{1}{n^2}\right) \tag{1.1}$$

这里c是光速，R是里德伯常数。以两项差的方式来表述此公式，最终被证明是一个聪明的举动（见下面的条目3）。其他系列谱线后来也被确定，其中第一项是$1/1^2$、$1/3^2$等。

2. 光电效应

根据普朗克的观点，每秒振动v次的电磁辐射，会发射能量

为$h\nu$的量子，这里h是普朗克常数，它的值非常小，为$6.63.10^{-34}$焦耳·秒。（如果将ν用角频率$\omega=2\pi\nu$替换，公式就会变为$\hbar\omega$，这里$\hbar=h/2\pi$，也经常被称为普朗克常数，发音为"h拔"或"h杠"。）

爱因斯坦假定这些量子是永久存在的。如果辐射照在金属上，金属中的一个电子可以吸收一个量子，从而获得它的能量。对于电子，如果其逃出金属所需的能量为W，那么当$h\nu>W$时，电子就会逃出金属，相反当$h\nu<W$时，电子就不可能逃出金属。因此，存在一个频率（$\nu_o=W/h$），当辐射频率低于该频率时，无论入射光的辐射有多强，都不会有电子被发射。当辐射频率高于该频率时，即使辐射相当弱，也会有一些电子被发射。

纯粹的辐射波理论将给出完全不同的行为。因为该理论预测，输送到电子的能量依赖于辐射的强度而不是它的频率。

实验观测到的光电发射性质，与粒子图像预言一致，而与波动图像预言不一致。

3. 玻尔原子

玻尔假设氢原子由一个带电荷$-e$和质量m的电子绕一个带电荷e的质子转动。后者的质量足够大（是电子质量的1 836倍），从而可以忽略它的运动产生的影响。如果圆周半径是r，电子速度是v，那么使静电引力与离心加速度平衡，可以得出

$$\frac{e^2}{r^2} = m\frac{v^2}{r}, \text{或} \ e^2 = mv^2 r \tag{3.1}$$

电子的能量是它的动能和静电势能之和，即

$$E = \frac{1}{2}mv^2 - \frac{e^2}{r} \tag{3.2}$$

利用（3.1），其可以写成

$$E = \frac{-e^2}{2r} \tag{3.3}$$

玻尔随后增加了一个新的量子条件，要求电子的角动量必须为普朗克常数h的整数倍，即

$$mvr=n\hbar(n=1,2,\cdots) \tag{3.4}$$

这样，相应的可能能量是

$$En = \frac{-e^4 m}{2\hbar^2} \cdot \frac{1}{n^2} \tag{3.5}$$

当一个电子从态n移动到态2时，所释放的能量以一个单光子的形式发射出去，该光子的频率将会是

$$vn = c \cdot \frac{e^4 m}{4n\hbar^3 c} \cdot \left(\frac{1}{2^2} - \frac{1}{n^2}\right) \tag{3.6}$$

这就是巴耳末公式（1.1）。玻尔不仅解释了该公式，还使里

德伯常数R可以用其他已知的物理常数来进行计算，即

$$R = \frac{e^4 m}{4\pi\hbar^3 c} \tag{3.7}$$

该数与实验上已知的值一致。玻尔的发现代表着新的量子思考方式的一个了不起的胜利。

[在正确的氢原子量子力学计算中，使用薛定谔方程（见条目6）时，离散能级以稍微不同的方式出现，与开弦谐振频率有某些类似性，并且数n与角动量的联系不再直接。]

4. 非对易算符

一般来说，海森堡使用的矩阵相互间并不对易，但是最终量子理论要求做更进一步的概括，为此非对易的微分算符被添加到理论公式中。这个进展最终引导物理学家使用数学中的希尔伯特空间。

一般情况下，量子力学公式能够从经典物理学公式获得，需要做的仅是对位置x和动量p做如下替换：

$$x \to x,$$
$$p \to -i\hbar\frac{\partial}{\partial x} \tag{4.1}$$

因为（4.1）中微分算符$\partial/\partial x$的出现，变量x和p不再相互对易，这与它们在经典物理中的对易性质相反。经典物理中，位置

和动量仅是数，因此它们是对易的。当$\partial/\partial x$在左侧的时候，它会对右侧的x，以及任何其他右侧的对象进行微分，因此我们可以得到

$$\frac{\partial}{\partial x}. x - x. \frac{\partial}{\partial x} = 1 \tag{4.2}$$

将对易括号定义为$[p,x] = p.x - x. p$，我们可以将上式重写为

$$[p,x] = -i\hbar \tag{4.3}$$

这个关系被称为**量子化条件**。细心的读者会注意到（4.3）方程的另一个解可以写成

$$x \rightarrow i\hbar \frac{\partial}{\partial p},$$
$$p \rightarrow p \tag{4.4}$$

狄拉克特别强调，构造量子力学有多种等价方式。

5. 德布罗意波

普朗克公式为

$$E=h\nu \tag{5.1}$$

它使能量与单位**时间**间隔内振动的次数成正比。相对论理论把

空间和时间、动量和能量看作自然的四重组合。因此，年轻的德布罗意提出在量子理论中，动量应该与单位**空间**内的振动次数成正比。这就产生公式

$$p = \frac{h}{\lambda} \tag{5.2}$$

这里λ为波长。方程（5.1）和（5.2）一起给出了一个方法将粒子型性质（E和p）和波动型性质（ν和λ）联系起来。波长为λ的波形的空间依赖，由下式给出

$$e^{i2\pi x/\lambda} \tag{5.3}$$

结合（4.1）和（5.3）便可以推出（5.2）。

6. 薛定谔方程

一个粒子的能量是其动能$\left(\frac{1}{2}mv^2 = \frac{1}{2}p^2/m, p \text{ 即 } mv\right)$和势能［一般来说，可以写成$x$的函数$V(x)$］之和。类似于（4.1），能量和时间之间的量子力学关系为

$$E \rightarrow i\hbar \frac{\partial}{\partial t} \tag{6.1}$$

方程（6.1）和（4.1）中正负号不同是因为，对应于空间依赖性（5.3）并向右传播的波的时间依赖性为

$$e^{-i2\pi\nu t} \tag{6.2}$$

因此（6.1）中必须加上正号，才能给出$E=h\nu$。

利用（4.1）和（6.1），可以将$E = \frac{1}{2}mv^2 + V$改写成量子力学波函数ψ的微分方程

$$i\hbar\frac{\partial\psi}{\partial t} = \left[-\frac{\hbar^2}{2m}\frac{\partial^2}{\partial x^2} + V(x)\right]\psi \tag{6.3a}$$

一维空间中即为

$$i\hbar\frac{\partial\psi}{\partial t} = \left[-\frac{\hbar^2}{2m}\nabla^2 + V(\boldsymbol{x})\right]\psi \tag{6.3b}$$

在矢量$\boldsymbol{x}=(x,y,z)$的三维空间中，则为

$$\nabla^2 = \frac{\partial^2}{\partial x^2} + \frac{\partial^2}{\partial y^2} + \frac{\partial^2}{\partial z^2} \tag{6.4}$$

这些表述就是薛定谔方程。薛定谔第一次写出这些方程是建立在一个与此相当不同的讨论基础上的。方程（6.3）中方括号内的算符被称为**哈密顿量**。

注意，方程（6.3）是ψ的**线性方程**，也就是说，如果ψ_1和ψ_2是方程（6.3）的两个解，那么

$$\lambda_1\psi_1+\lambda_2\psi_2 \tag{6.5}$$

对于任何成对的数λ_1和λ_2来说也是方程（6.3）的解。

马克斯·玻恩强调，波函数可以解释为概率波。在点x处发现一个粒子的概率与相应（复）波函数的模平方成正比。

7. 线性空间

条目6最后提到的线性性质是量子理论的基本特征，也是叠加原理的基础。狄拉克在波函数的基础上将该思想一般化，并在抽象的矢量空间上构建了量子理论。

一组矢量$|a_i\rangle$形成一个**矢量空间**，如果它们的任意组合

$$\lambda_1|a_1\rangle+\lambda_2|a_2\rangle+\cdots \tag{7.1}$$

也属于该空间的话。这里λ_i是任意（复）数。狄拉克称这些矢量为“右矢”。它们是薛定谔波函数ψ的一般形式。还存在一个对偶空间“左矢”，它与右矢反线性相关：

$$\sum_i \lambda_i|a_i\rangle\rightarrow\sum_i\langle a_i|\lambda_i^* \tag{7.2}$$

这里λ^*_i是λ_i的复共轭。（显然，左矢$\langle a|$对应于复共轭波函数ψ^*。）左右矢（形成一个括号[①]——狄拉克非常喜欢这个小小的玩笑）之间可以形成标量积。这对应于波函数的积分$\int\psi^*_1\psi_2\mathrm{d}x$，可以记

① 左矢英文为bra，右矢为ket，括号为bracket。——编者

为 $\langle a_1|a_2\rangle$，它有性质

$$\langle a_1|a_2\rangle = \langle a_2|a_1\rangle^* \tag{7.3}$$

从（7.3）可以知道，$\langle a|a\rangle$ 是一个实数。事实上，在量子理论中，还会强加一个条件要求它是非负的（它必须对应于 $|\psi|^2$）。

物理状态和右矢之间的关系被称为**射影表示**，意思是，对于任意非零复数 λ 来说，$|a\rangle$ 和 $\lambda|a\rangle$ 代表相同的物理状态。

8. 本征矢量和本征值

矢量空间上的算符由它将右矢转变为其他右矢的效应来定义，即

$$O|a\rangle = |a'\rangle \tag{8.1}$$

量子理论中，算符是可观测量在形式理论中的表示方式[请比较作用在波函数上的算符（4.1）]。有意义的表达式是以左矢-算符-右矢“三明治结构”出现的数（叫作“矩阵元”；它们与概率振幅有关）：

$$\langle\beta|O|a\rangle \tag{8.2}$$

一个算符的厄米共轭 $O^\dagger$ 由矩阵元间的关系来定义：

$$\langle\beta|O|a\rangle = \langle a|O^{\dagger}|\beta\rangle^{*} \tag{8.3}$$

厄米共轭使其自身的算符有特殊意义：

$$O^{\dagger}=O \tag{8.4}$$

这样的算符叫作**厄米算符**，也只有这样的算符才能代表物理上的可观测量。

由于实际观测的结果总是实数，为了使该体系有物理意义，就必须存在一种方式来联系数和算符。这通过使用**本征矢量**和**本征值**的思想来建立。如果算符O使一个右矢$|a\rangle$变为它自身的一个倍数，

$$O|a\rangle=\lambda|a\rangle \tag{8.5}$$

那么$|a\rangle$叫作算符O的本征矢量，对应的本征值为λ。可以证明，厄米算符的本征值总是实数。

对应于这些数学事实的物理解释是：观测量的实际本征值是测量该观测量获得的可能结果，相关的本征矢量对应于能确定（概率是1）获得该特定结果的物理态。只有算符相互对易的两个观测量才能被同时测量。

9. 不确定关系

关于伽马射线显微镜的讨论已经表明，量子测量会迫使观测

者在精确的空间分辨率（短波长）和小的系统扰动（低频率）间进行取舍。用定量表达这个平衡将会引出海森堡不确定关系。从中可以发现，位置不确定度 Δx 和动量不确定度 Δp 之间的乘积 $\Delta x.\ \Delta p$ 大小不能小于普朗克常数 $\hbar$ 的量级。

10. 薛定谔和海森堡

如果 H 是哈密顿量（能量算符），薛定谔方程为

$$i\hbar \frac{\partial|a,t\rangle}{\partial t} = H|a,t\rangle \tag{10.1}$$

如果 H 没有明确的时间依赖（通常就是该情况），方程（10.1）的解可以在形式上写成

$$|a,t\rangle = e^{-iHt/\hbar}|a,O\rangle \tag{10.2}$$

该理论的物理结果都源自形式为 $\langle a|O|\beta\rangle$ 的矩阵元性质。写出其明确的时间依赖行为（10.2），得到

$$\langle|a,O|e^{-iHt/\hbar}.O.e^{-iHt/\hbar}|\beta,O\rangle \tag{10.3}$$

将上式中的项以不同的方式结合，得出

$$\langle a,O|.e^{-iHt/\hbar}.Oe^{-iHt/\hbar}.|\beta,O\rangle \tag{10.4}$$

这里的时间依赖性，可以说已经被推向一个时间依赖的算符

$$O(t) = e^{iHt/\hbar} O e^{-iHt/\hbar} \quad (10.5)$$

这样，方程（10.5）能够作为如下微分方程的解

$$i\hbar \frac{\partial O(t)}{\partial t} = OH - HO = [O, H] \quad (10.6)$$

将时间依赖与算符观测量，而不是与状态相联系，这种量子理论的思考方式就是海森堡最初处理这个问题采用的方法。因此，本条目的讨论证明了量子理论的两个伟大创建者的方法是等价的，尽管他们最初处理问题的方式看起来是如此不同。

11. 统计学

如果1和2是全同且不可区分的粒子，那么$|1,2\rangle$和$|2,1\rangle$必须对应于相同的物理状态。由于形式理论的射影表示特性（见条目7），这意味着

$$|2,1\rangle = \lambda|1,2\rangle \quad (11.1)$$

这里λ是数字。但是，交换1和2两次后，结果不会改变，所以它一定确实恢复到初始状态。因此，情况一定是

$$\lambda^2=1 \quad (11.2)$$

它有两种可能值：$\lambda=+1$（玻色统计），或$\lambda=-1$（费米统计）。

12. 狄拉克方程

在威斯敏斯特教堂内保罗·狄拉克的墓碑上，刻着以下方程：

$$i\gamma\partial\psi=m\psi \quad (12.1)$$

这就是他著名的电子相对论波动方程，以四维时空符号给出（使用量子理论中的自然单位，其使$\hbar=1$）。γ是4乘4的矩阵，ψ是所谓的四分量旋量[2（自旋）乘2（电子/正电子）状态]。在本书这样的导读性作品中，我们只能介绍这么多，但是不管在论文中、在书页上或在大教堂的石墓上，看到的人都应该有机会对这个物理学中最漂亮、最深刻的方程之一表达敬意。

译名对照表

A

antimatter 反物质
Aspect, Alain 艾伦・阿斯派克特
atomic structure 原子结构

B

Balmer series 巴耳末体系
band structure 能带结构
Bell inequalities 贝尔不等式
Bell, John 约翰・贝尔
Birkoff, Garret 加勒特・伯克霍夫
black body radiation 黑体辐射
Bohm, David 戴维・玻姆
Bohmian interpretation 玻姆解释
Bohr, Niels 尼尔斯・玻尔
Boltzmann, Ludwig 路德维希・玻尔兹曼
Born, Max 马克斯・玻恩
bose condensation 玻色凝聚
bosons 玻色子

C

chaos theory 混沌理论
chemistry 化学
collapse of wavepacket 波包塌缩
commutation 对易
complementarity 互补性
Compton scattering 康普顿散射
consciousness 意识
consistent histories 一致性历史
Copenhagen interpretation 哥本哈根解释
correspondence principle 对应原理

D

de Broglie, Louis 路易斯・德布罗意
decoherence 退相干
delayed choice experiment 延迟选择实验
d'Espagnat, Bernard 贝尔纳・德埃斯帕尼亚
Dirac, Paul 保罗・狄拉克
double slits experiment 双缝实验

E

eigenvalues 本征值
eigenvectors 本征矢量
Einstein, Albert 阿尔伯特・爱因斯坦
electron diffraction 电子衍射
ensemble interpretation 整体解释
entanglement 纠缠
epistemology 认识论
EPR effect EPR 效应
exclusion principle 不相容原理

F

fermions 费米子
Feynman, Richard 理查德・费曼

R

S

T

U

V

W

Y

Z

扩展阅读

Books relating to quantum theory are legion. The following list gives a short personal selection that a reader in search of further insight might find useful to consult.

Books that use more mathematics than this one, while still remaining popular in style:

T. Hey and P. Walters, *The Quantum Universe* (Cambridge University Press, 1987)

J. C. Polkinghorne, *The Quantum World* (Penguin, 1990)

M. Rae, *Quantum Physics: Illusion or Reality?* (Cambridge University Press, 1986)

A book that uses mathematics at a professional level, while being much more concerned with interpretative issues than is usual in textbooks:

C. J. Isham, *Lectures on Quantum Theory: Mathematical and Structural Foundations* (Imperial College Press, 1995)

The classic exposition by one of the founders of the subject:

P. A. M. Dirac, *The Principles of Quantum Mechanics*, 4th edn. (Oxford University Press, 1958)

A philosophically sophisticated discussion of interpretative issues:

B. d'Espagnat, *Reality and the Physicist: Knowledge, Duration and the Quantum World* (Cambridge University Press, 1989)

A more general introduction to issues in the philosophy of science:

W. H. Newton-Smith, *The Rationality of Science* (Routledge and Kegan Paul, 1981)

Newton-Smith, however, neglects the thought of Michael Polanyi, which can be found in:

M. Polanyi, *Personal Knowledge* (Routledge and Kegan Paul, 1958)

Books of special relevance to the Bohmian version of quantum theory:

D. Bohm and B. Hiley, *The Undivided Universe* (Routledge, 1993)
J. T. Cushing, *Quantum Mechanics: Historical Contingency and the Copenhagen Hegemony* (University of Chicago Press, 1994)

Reflective writings by two of the founding figures:

N. Bohr, *Atomic Physics and Human Knowledge* (Wiley, 1958)
W. Heisenberg, *Physics and Philosophy: The Revolution in Modern Science* (Allen & Unwin, 1958)

Biographies of significant quantum physicists:

A. Pais, *Niels Bohr's Times in Physics, Philosophy and Polity* (Oxford University Press, 1991)
H. S. Kragh, *Dirac: A Scientific Biography* (Cambridge University Press, 1990)
A. Pais, *'Subtle is the Lord . . .': The Science and Life of Albert Einstein* (Oxford University Press, 1982)
J. Gleick, *Genius: The Life and Science of Richard Feynman* (Pantheon, 1992)
D. C. Cassidy, *Uncertainty: The Life and Science of Werner Heisenberg* (W. H. Freeman, 1992)
W. Moore, *Schrödinger: Life and Thought* (Cambridge University Press, 1989)